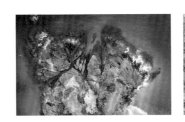

无人机航空摄影
与后期指南

[美]柯林·史密斯◎著   林小木◎译

U0240768

北京科学技术出版社

著作权合同登记号　图字：01-2016-9990

图书在版编目（CIP）数据

无人机航空摄影与后期指南 /（美）柯林·史密斯著；林小木译 . — 北京：北京科学技术出版社，2017.8（2020.12 重印）

ISBN 978-7-5304-8878-2

Ⅰ . ①无… Ⅱ . ①柯… ②林… Ⅲ . ①无人驾驶飞机－航空摄影－教材 Ⅳ . ① TB869

中国版本图书馆 CIP 数据核字（2017）第 032433 号

策划编辑：李　菲		责任编辑：王　晖	
责任印制：李　茗		图文制作：八度图文	
出 版 人：曾庆宇		出版发行：北京科学技术出版社	
社　　址：北京西直门南大街 16 号		邮政编码：100035	
电　　话：0086-10-66135495（总编室）		0086-10-66113227（发行部）	
网　　址：www.bkydw.cn		印　　刷：北京宝隆世纪印刷有限公司	
开　　本：787mm×1092mm　1/16		印　　张：16.75	
版　　次：2017 年 8 月第 1 版			
印　　次：2020 年 12 月第 7 次印刷			
ISBN 978-7-5304-8878-2			

定　　价：89.00 元

亚马逊读者评价

1. 作为一名无人机飞手，我已经飞了整整三年了，但由于柯林简单、便于操作的指导，我已经很有针对性地提高了我的飞行技艺与拍摄技巧。这本书涉及了无人机航拍中会遇到的方方面面的问题，我极力推荐这本书。

——迈克尔·泰特

2. 我一直期待购置一架无人机，但是一直在犹豫，因为我无法承受前几个月总是坠机的代价。这本书为我的无人机航拍工作做好了充分准备。本书开篇从解释无人机术语、工具以及首次起飞前所有注意事项入手，然后细细讲述了无人机飞行时的所有技巧。其次，最吸引我的内容是如何用无人机拍摄出高质量的照片，以及如何编辑动态视频与静态图片。

——克雷·科尔曼

3. 本书有很多设计拍摄角度的照片的图解非常清晰，作者正是注意到这些细节才拍摄出了美轮美奂的照片。因此，在你想购置一架无人机前本书是一本必备指南。

——格伦·布雷迪

4. 我关注柯林的博客和视频制作已多年了。作为一名大疆精灵3的业余爱好者，他的秘诀、提示和技巧总是一语中的。很感谢柯林能先从安全性讲起！（包括处理海鸥攻击的实用技巧），其图片很吸引人，描述与例子浅显易懂，最重要的是，写作风格可读性很强。我已经预定了精装纸质书。忘记"For dummies"系列吧！你若想用无人机拍摄出精美的照片，本书是你的不二之选。

——韦恩·E·福格尔

5. 柯林·史密斯是一名出色的摄影师、作家和后期制作专家。其文笔与图片都十分出色，操作简单，趣味性强。作为一名Photoshop与后期处理老师，我很欣赏史密斯先生将无人机飞行赋予其艺术性，这部分内容大多数飞手在未读这本书之前是十分陌生的。我极力推荐这本书，尤其是对那些想进入航拍艺术世界的飞手。

——约翰·弗里斯

6. 柯林·史密斯是无人机航拍方面的专家。航拍目前是科技界与摄影界最热的话题之一。柯林完全靠自创的一套方法拍出了惊人的照片，同时也是其多年的教学与写作经验积累的结果。我极力推荐柯林写的这本书，不关你是刚迈入无人机航拍行业，还是也有经验的专业飞手，这本书对你都适用。

——吉姆·E

目　录

第一章
飞行安全与法律规章

第二章
无人机与配件

第三章
无人机飞行操控

第四章
使用无人机拍摄照片

第五章
使用无人机拍摄视频

第六章
Lightroom、ACR后期处理流程

第七章

图片后期技术进阶

第八章
航拍视频的后期处理

拍摄地点：美国夏威夷欧胡岛威基基海滩（Waikiki beach）
拍摄时间：2015年7月
拍摄器材：大疆精灵3专业版
拍摄说明：该张全景图在低空拍摄完成，离岸边约1200英尺。

第一章

飞行安全与法律规章

　　安全问题虽然老生常谈，但谁也不想被无人机的螺旋桨击伤。而现实是不出事故时，往往没有人愿意关注安全问题；一旦发生事故之后，一切却又追悔莫及。所以，我将在本章简要介绍无人机飞行的法律法规和安全常识。每个人都知道安全的重要性，但一些飞行安全知识却未必人人了解。此外，无人机的安全飞行离不开法律法规的保障。我不会在本章对规章的具体条文做解释，因为我们的读者所在国家不同，当地法规的细节自然不同。这里要请大家了解自己所在国家关于无人机飞行的现行法律条文。我之所以说"现行"，是因为我们的法律法规总在不断修订，具体说是伴随着技术的升级而不停地做出相应的调整。

飞行安全

无人机和机载相机不是普通玩具，当它们在天上飞行时，旋转着的螺旋桨和从高空突然坠落的物件极有可能会威胁到现场人员的安全。若飞手不掌握一些飞行安全常识，那些天上飞的或大或小的无人机，可能会变成伤人甚至杀人的"凶器"。所以，安全的重要性毋庸置疑。

起飞前的安全准备

在起飞前，我们需要先做一些飞前检查。具体包括：

- 遥控器、无人机和第一人称视角监视器（FPV）等设备的电池确保已经充满。
- 螺旋桨没有损坏或松动。
- 机身没有松动部件或裂纹。
- 所选的起飞点视野开阔，没有树木和电线等障碍物。如果无人机装有安全应急返航系统，要确保返航点开阔且空旷，能够允许无人机自动降落。
- 在无人机起飞和着陆时，确保已经清空周边的行人与动物。虽然有点观众围观显得热闹，但如果观众太多，或是有小孩、宠物在现场，我建议还是另选一个人相对少的地点起降无人机。
- 不要在大风、潮湿及低能见度的气象条件下飞行。
- 严禁在机场周围飞行。（详见"法律规章"一节）
- 飞行点附近没有大型金属构造的建筑物。因为这些金属建筑会对无人机的指南针造成干扰，影响无人机正常飞行。
- 无人机的指南针已经完成校准。

启动无人机之前，要确保遥控器已经打开；而关闭遥控器之前，要确保无人机已经关闭。一定不要在遥控器处于关闭状态时启动无人机，这一点非常重要，因为如果无人机识别了一些干扰信号，而你的控制系统又没有处于启动状态，那么无人机就会偏离航线并失去控制。

确保无人机所运行的是最新版本的固件（下一章将会详细介绍固件升级方面的知识）。在进行固件升级时，请务必拆卸掉所有螺旋桨。此外，只有在升级固件这一种情况下，我们才可以先启动无人机而不启动控制器。除此之外，任何情况下都不能这么做。

航拍中的飞行安全

如果飞行时刮有阵风，请始终保持背风站立。这样即便无人机被风吹走，也会远离我们，而不是砸向我们。有一种说法，无人机需要在风中起飞，借助风力产生的上升力。这不完全错，航空母舰上的固定翼飞机确实需要借助风力起飞，所以航母在飞机起飞时要将船头朝向逆风向。而无人机不同，垂直起降的无人机并不需要借助空气动力起飞。刮风对于无人机的飞行毫无益处。飞行中除了撞向障碍物以外，起飞和降落是事故高发时段，那时很容易出现坠毁和倾翻。当无人机飞起来以后，失去控制和坠机的可能性很小。

什么是倾翻？倾翻是指在我们的无人机上升前或着陆过程中，螺旋桨迅速旋转使无人机的重心上移，这时受到阵风吹动，无人机可能会倾斜甚至翻倒，并沿着地面往前跑。此时，若我们背风站立，倾翻不会威胁到自己的人身安全。但侧翻后的无人机刮着地面跑，无疑会使螺旋桨受到严重磨损。不过，倾翻不算是坠机，即便是对有经验的飞行员来说，倾翻也是常有的事。

当无人机刚刚起飞尚未爬高时，我们可以迅速测试各个控件，以确保所有控件都能准确响应指令；但进行这个操作时，一定要注意低空周围的人和障碍物。除了测试，我们还可以通过让无人机升降、前后倾斜、左右翻滚偏航，确定无人机是否处于正常状态。也许目前你还看不懂这些飞行术语，这些我将在第二章做具体介绍。

除了在起飞之前排除各种潜在危险和障碍外，飞行过程中也要密切留意周边发生的一切。例如，当听到周围其他飞行器的声音时，一定要寻找其具体位置。如果实在无法确定那架飞行器的具体位置，就要迅速将无人机下降到低空安全高度，或者选择降落着陆。

当我们看到周围有急救车辆或直升机，也请迅速降落并着陆。除非我们能做到不干扰这些紧急救援人员的工作，否则请不要继续飞行。也要控制前去"帮忙"的冲动，这些专业人员并不需要我们的帮助。那时最好的方式就是"置身事外"，请那些受过训练的专业人员去开展工作。

还有一些常识想必大家都知道，如"不要将手指放入旋转着的螺旋桨"等。大疆的"精灵"系列（Phantom）无人机以及3DR的Solo系列无人机的螺旋桨倒不至于把人的手指头削掉，但碰到还是会对人造成伤害。螺旋桨的材料也是个问题。碳纤维的螺旋桨的确可以让飞行更加顺畅。但相比塑料螺旋桨，转起来的碳纤维螺旋桨相当于旋转的刀片。

而像大疆的"悟"系列（Inspire）这样的大型无人机，其螺旋桨对人所能造成的损伤要大得多。大家可以上网搜索流行歌星恩里克·伊格莱西亚斯（Enrique Iglesias）在他的某场演唱会上徒手抓大疆"悟"1（Inspire 1）无人机的视频。无人机螺旋桨碰到人的后果的确不敢想象。

无人机桨叶保护罩

安装桨叶保护罩也可以增强无人机的安全性。保护罩的价格不贵，能在桨叶的周边区域提供一个塑料防护带（图1.1）。通常每个桨的保护罩之间连有一条保护线，形成一个点线结合的全方位保护。桨叶保护罩的工作原理是：在无人机碰到障碍物时，这些塑料保护螺旋桨不会触碰障碍物，并将无人机弹开。但我见过不少事故，安装了保护罩的无人机在碰到室内的墙面后顺着墙面爬上去，最后还是损坏了。因此，保护罩在室内的使用价值不大。

如果在室外飞行，那么桨叶保护罩的作用就相当明显了。例如，无人机在飞行时触碰到周边的树木或障碍物，这时桨叶保护罩可以将无人机弹开，防止进一步触碰。若没有保护罩，在接触障碍物后，螺旋桨会被打停，大多数无人机会立刻坠毁。当然，Yuneec昊翔的台风系列（Typhoon）和大疆的Matrice 600等六旋翼无人机可以在其中一个发动机损坏后继续保持飞行。

对于飞行新手，我建议还是为无人机安装桨叶保护罩，它就像一个辅助轮，为无人机的行驶保驾护航，而且保护罩也可以增强我们飞行时的自信心和安全感。当然，一些经验丰富的专业飞手也会选择桨叶保护罩，因为它们的确能够增强飞行的安全性。但有时保护罩会进入镜头被拍摄下来。这时，我们可以比往常飞得稍慢一些，或者将相机的角度再往下调一点。

图1.1　第一代大疆精灵（Phantom）无人机上的螺旋桨保护罩

海鸥突袭

海鸥的领土意识很强，尤其是在筑巢繁殖季节，它们的攻击性会很强。那时，我们会听到海鸥大声鸣叫，看到它们扑向无人机。虽然海鸥一般不会去主动碰撞螺旋桨，但我们最好还是敬而远之。我发现，当无人机水平方向飞出很远以后，它们还会跟随着。但当无人机飞得稍微高一点时，它们似乎就不再追随了。也许是因为海鸥的鸟巢和食物都来源于地面，所以它们更重视保护低空。

其他安全问题

下面我还想介绍一些其他注意事项，有的是规定，有的是建议，还有的是基本的安全常识。

- 禁止在夜间飞行。至本书截稿时，美国只允许非商业用途的无人机在夜间飞行（美国联邦航空管理局发布的新规"Part107"禁止夜间飞行）。此外，在许多国家，夜间飞行无人机也是被禁止的。
- 禁止在美国各个国家公园内飞行无人机。
- 禁止在华盛顿特区飞行无人机。

对于在美国的用户，我们可以使用一些类似Hover和美国联邦航空管理局发布的B4Ufly这样的应用程序，它们能够帮助用户了解哪些区域是允许飞行无人机的。

法律规章

需要声明的是，我不是法律工作者，以下这些建议也不属于具有法律效力的建议。而且与无人机相关的法律法规是随着技术不断变化的。有些具体条例可能在本书出版后发生了变化。此外，不同区域和国家也会有不同的规章和制度，所以我建议大家在飞行无人机前，一定要熟悉自己所在地方的最新法律法规。

想要了解最新的与无人机飞行相关的法律法规，我们可以上网查看当地航空管理局的网站〔美国是FAA，加拿大是TC，英国是CCA，新西兰是CAA，澳大利亚是CAS，中国是CAAC（中国民用航空总局）〕。其中某些国家的管制可能要比其他国家更为严格。因为有些规章制度在大多数国家是通用的，所以我将介绍美国在无人机管控领域的一些基本规则。这些规则针对的是重量不超过55磅（约25千克）的飞行器。

- 飞行高度不得超过400英尺（约122米）。
- 飞行器应始终处于视线范围内。在飞行中，要保证可以用肉眼看到飞行器，而不是利用望远镜或第一人称视角监视器对飞行器进行监控。
- 严禁接近飞机等载人飞行器。这些载人飞行器拥有自己既定的航线，无人机是绝不能进入和干扰的。通常，我们可以看到这些载人飞行器，而对方在飞行中可能看不到较小的无人机。
- 严禁在大型露天体育场或人群上空飞行。
- 若在距离机场5英里（约8千米）范围内飞行无人机，需提前与机场控制塔联系。
- 禁止酒后和吸毒后飞行。尽管这项规定只是一条安全准则，并没有强制效力，但无论如何，酒后飞行十分危险。
- 禁止高风险和鲁莽的飞行。

无人机的登记备案

有些国家要求个人对持有的无人机进行登记备案。［注：目前，中国民用航空局已开始实行民用无人机实名登记注册制度，具体详情可登录中国民用航空局官网（http://www.caac.gov.cn.）做进一步了解。］在美国，所有重量在0.55~55磅（0.25~25千克）的飞行器在使用前都必须登记。登记的网址是：www.registermyuas.faa.gov。登记备案的手续并不烦琐，只需提供一些个人资料并支付5美元的费用即可。但需每隔三年登录该网站更新信息。这里需要注意的是，不要轻信向你索要登记费用的个人，警惕非官方的登记平台。

登记成功后我们会收到一个编码和一张证书（图1.2）。这个编码需要粘贴在所登记的飞行器上。相关规则还要求，这个编码不可隐藏得过深，要在不使用任何工具器械的前提下就能从无人机上查看到这个编码。我一般会将这个编码保存在无人机的电池盒内。这样不仅符

图1.2　美国联邦航空管理局无人机登记卡（电子版）

Federal Aviation Administration

For U.S. citizens, permanent residents, and certain non-citizen U.S. corporations, this document constitutes a Certificate of Registration. For all others, this document represents a recognition of ownership.

Small UAS Certificate of Registration

For all holders, for all operations other than as a model aircraft under sec. 336 of Pub. L. 112-95, additional safety authority from FAA and economic authority from DOT may be required.

CERTIFICATE HOLDER: ▮▮▮▮▮▮

Safety guidelines for flying your unmanned aircraft:

UAS CERTIFICATE NUMBER: **FA**▮▮▮▮▮▮

- Fly below 400 feet
- Never fly near other aircraft
- Keep your UAS within visual line of sight
- Keep away from emergency responders

- Never fly over stadiums, sports events or groups of people
- Never fly under the influence of drugs or alcohol
- Never fly within 5 miles of an airport without first contacting air traffic control and airport authorities

ISSUED: 12/21/2015　　EXPIRES: 12/21/2018

合了所有规定的要求，还不会轻易让别人看到我的编码。因为稍不留神，编码就可能会被别人取下贴在另外一台飞行器上。所以，我建议大家尽量将官方给予的编码贴在无人机上比较私密和安全的地方。

无人机的商业使用

在美国，当前关于商业使用无人机的争论非常激烈，观点很混乱，这让立法者也感到十分纠结。在撰写本书时，根据美国联邦航空局相关条例，在房地产、婚礼、影视制作、勘测等相关领域利用无人机的商业收费是违法的。但美国相关法案第333节规定了商业使用无人机的豁免权（Series 333 exemption）。得到这个豁免权之后便可在美国对无人机进行商业使用。不过，获得第333节豁免权需要诸多条件，如飞行员执照等。而且它的审核周期非常长，一旦开始申请，至少要等待6个月才能获知是否得到批准。如果我们近期有计划商业使用无人机，除了尽早提出申请豁免权以外，还需留意网上相关信息，因为法律和规章很可能马上就发生变化。

无人机的管理规则

在写作本书之时，美国正在通过一套新的无人机管控法规"Part 107"。该项法规允许任何人以商业目的使用小型无人机，如大疆的"精灵"（Phantom）系列。"Part 107"规定也保留一些现行法律规定的内容，如禁止夜间飞行，每次只能操控一台无人机等。"Part 107"规定将飞行限高提升到500英尺（152.4米），并新增飞行知识和飞手背景考察，相关考核将在飞行器登记前进行。（译者注："Part 107"小型无人机管理规则已于2016年6月21日正式发布生效。）

本章小结

本章可以用一句话概括：安全第一，严格遵守当地法规，时刻绷紧安全弦。如果在飞行过程中，有执法部门要求停止飞行，我们要按照要求终止飞行，哪怕有时他们的要求并不合理。我们没有必要和执法部门发生冲突。如果我们还想继续飞行，可以另选他地，也可以提供书面材料来证明自己飞行的合法性。

如果我们觉得飞行不安全，或者对自己的操控技术没有信心，我建议还是不要莽撞尝试。镜头再精彩，也不值得用人身安全和昂贵的器材去交换。

拍摄地点：美国夏威夷欧胡岛马诺阿雨林（Manoa Forest）
拍摄时间：2015年7月
拍摄器材：大疆精灵3专业版
拍摄说明：在暴风雨间隙拍摄的全景图，远处乌云为图片增添层次。

第二章

无人机与配件

　　工欲善其事，必先利其器。航拍中最为重要的部分就是无人机及其各种配件；没有无人机，无人机摄影也就无从谈起。但这并不意味只要有精良、昂贵的机器，就能拍出好照片。我们在配备无人机时，能够满足自己的拍摄需求即可。除了硬件设备，我们还需要激情、耐心、坚持和创意等"软件"，一起帮助我们使用无人机拍到好照片。

　　这一章要讨论摄影器材，相信许多"器材控"会很喜欢本章内容。我们将了解当前市面上各式各样的无人机，研究它们的功能及配件。因为大疆（DJI）是目前全球领先的无人机制造商，也具有相当的市场占有量，所以我计划重点介绍大疆系列的无人机。当然，你可能使用其他品牌的无人机，这里提到的一些专业术语和飞行原理也同样适用于目前已经面世和即将面世的其他品牌无人机。

无人机平台

早期，航模爱好者们都是自己动手制作无人机。现在，无人机成为开箱即可使用的成品，这让无人机迅速火了起来。这里要感谢那些无人机的生产商们，如大疆，为我们提供了方便易用的无人机成品。大疆等无人机制造商改变了整个航模圈。现在的摄影师无需自己动手制作无人机，便可以享受到航拍的视角和乐趣。

目前，市场上充斥着各式各样的飞行器，其中不乏一些号称可以在手上起飞并抛向空中就能自动飞起来的无人机。当前，我们在经历一场"无人机热"，所有人都把兴趣点瞄向天空。相信大家都在新闻网站以及Kickstarter、Indiegogo等创意众筹网站上看到过各式各样稀奇古怪的无人机。但那些很多只是想象，我们回到现实，了解一些现有且实用的无人机。

目前，无人机平台的主要制造商有大疆（DJI）、3DR、Yuneec和Freefly。接下来我们会简要介绍一下这些平台中最受欢迎的一些无人机机型。

大疆无人机

大疆可以说是目前世界范围内航拍平台的领先者，我个人认为其未来还会继续保持领先地位。正是大疆的精灵系列（Phantom）四旋翼飞行器引发了航拍领域的重大变革。

大疆精灵1（Phantom 1）

大疆精灵1无人机可以搭载GoPro相机（图2.1），是一款具有较强航拍能力的小型无人机。尽管在大疆精灵1之前已经出现过不少小型无人机。但大疆精灵1的Naza–M多旋翼飞控系统和使用卫星信号增稳系统，将以往复杂的飞行以及航拍变得简单起来。我经常感慨技术的日新月异，大疆精灵1问世才几年，那时还没有第一人称视角监视器和飞行手机应用，而现在它们都已出现。机载相机也不再只能悬挂GoPro相机。

精灵1之后，大疆开始推出禅思系列云台（Zenmuse Gimbal），当时创新的双轴云台技术有效去除了"果冻效应"，使拍摄画面更加流畅。此外，双轴云台抵消了飞行过程中的震动，保证相机在飞行过程中保持水平稳定。这一系列云台彻底改变了无人机行业，人们由此可以在空中拍摄流畅、平稳的画面了。

当时，如果我们想同步看到无人机机载相机拍摄的画面，需要另外购买一套影像传输器，利用它将GoPro相机上的内容传送到地面的监视器上。当时，人们还无法对相机进行远程控制，只能在地面上完成相机的设置。整个飞行过程，从起飞到降落，只能一直开着相机录制；对于拍摄图片，也只能使用延时拍摄模式，每隔一段时间自动拍摄一张。当时如果我们想了解飞行高度、速度等信息，就必须在无人机安装iOSD视频叠加系统，帮助飞行数据的回传。那段时光可谓是无人机航拍的"苦日子"，我可一点都不怀念。

大疆精灵2（Phantom 2）

随后，大疆推出精灵2无人机，装有更强大的引擎和智能电池。此外，大疆精灵2还可搭载三轴云台。它可以实现相机的自由旋转，并很大程度地稳定了画面。不过若是我们想使用第一人称视角监视器，还得自己动手对无人机进行一下小改造。

与此同时，大疆还推出了精灵2 Vision无人机。我有幸成为该款无人机的首批使用者。Vision版无人机再次引发行业革命，其内置了第一人称视角监视系统，用户可以在手机等移动终端安装Vision App应用，对无人机拍摄画面进行实时查看。利用Vision App应用，我们还可以对相机进行远程操控，如倾斜相机角度等。Vision无人机没有稳定相机的云台，所以拍摄图片尚可，视频就不尽如人意了。

之后推出的大疆精灵2 Vision +无人机具备了之前提及的所有功能。它搭载了稳定相机的三轴云台，第一人称视角监视器的效果更佳，而且更新了移动端应用，飞手在控制相机方面拥有更多选择。相机的成像质量尚可，但还需要不少后期处理才能做出较好的影像。总之，Vision+无人机完全可以拍出精彩的视频和图片。

图2.1　装有桨叶保护罩并搭载禅思H3-2D云台的大疆精灵1 无人机

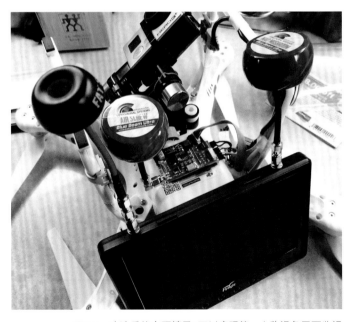

图2.2　改造后的大疆精灵2可以实现第一人称视角画面监视

图2.3 大疆精灵2 Vision无人机（Phantom 2 Vision）

图2.4 大疆精灵2代Vision+无人机（Phantom 2 Vision+）

图2.5 大疆精灵3专业版无人机（Phantom 3 Professional）

大疆精灵3（Phantom 3）

精灵3是大疆推出的一款较为成熟的产品。它可以帮助我们轻松拍摄到专业水准的照片和视频。与前几代相比，精灵3的动力更足，飞行控制得到了很大提高。外观上，流线型的机身设计平滑流畅。此外，控制器进行了颠覆性的升级，可以对相机的移动、快门和曝光进行单独控制。大疆精灵3有两个版本：精灵3高级版和精灵3专业版。两者最大的区别是，专业版可以摄制4K高清视频，而高级版（在固件升级过后）只能摄制分辨率在2.7K的视频。

大疆精灵3系列的一个重大飞跃体现在内置Lightbridge高清图像传输系统，支持长距离高清品质第一人称视角监视。起初，Lightbridge高清图传系统是大型无人机的一种附件，在大疆"悟"1（Inspire 1）上作为内置功能推出。该系统可以将无人机拍摄的画面清晰且无延迟地呈现在监视器上。图传系统使用的传输模式类似电视广播塔的数据传输，所以不需要额外的Wi-Fi组件来支持信号传输。大疆还把手机应用功能整合并发布了Dji Go App应用，成为大疆系列无人机通用的应用。此外，大疆精灵3还安装了下视传感器，为无人机提供视觉定位。大疆"悟"1也有此功能，所以关于"视觉定位系统"，我们在大疆"悟"1部分具体介绍。

不久之后，大疆又发布了精灵3的另两个版本——标准版和4K版。这两个版本没有使用Lightbridge高清图像传输系统，而是和精灵2 Vision+一样使用Wi-Fi支持下的图传系统。这两个版本的定位是为大众提供一个相对便宜的入门级无人机。目前，这两版无人机的定价都在500美元以下。标准版和4K版搭载的相机与精灵3的高级版和专业版相同。所以，理论上拍摄出来的画质应该差别不大。但是标准板和4K版的操控范围有限，我们无法在遥控器上对相机进行控制，只能利用手机App实现相机的调节。

在固件升级之后，精灵3系列可以实现智能飞行，即无人机在不受控制下自我飞行。具体见后文。

大疆精灵4（Phantom 4）

精灵3上市不到一年，大疆又发布了精灵4。精灵4与前几代产品相比主要变化有：发动机更强劲，螺旋桨可拆卸，配置功能丰富的集成相机，外形更加流畅，整个无人机重心变高，平衡能力更强。此外，新式设计的电池安装在了比以往更高的位置。同样发动机部件也更长，螺旋桨安置在上面可以远离镜头，并实现高速飞行。大疆宣传的精灵4最快飞行速度可达到47英里/小时（约75.6千米/小时）。

精灵4最大的突破也许是新增的前视感知系统。该系统可识别前方目标，如一辆车或一个人，并让无人机跟随该目标飞行。这种跟随叫作"智能跟踪"，我们可以尝试利用该功能

图2.6　大疆精灵4无人机（Phantom 4）

追踪移动的物体，也可以试试让无人机追着自己。在识别时，我们可以操控无人机围着目标环绕一圈，提高识别的精确性。但这一功能也有弱点，如在朝向太阳飞行时，物体上的光对比度较低且目标进行急转弯时，智能追踪的效果并不理想。

前视感知系统的另一个用途就是躲避障碍。传感器可以探测出类似于墙面、树木和人类等障碍物。遇到障碍物后的飞行设置包括停止、飞跃以及绕开障碍物几个选项。如果障碍物是移动的，还可以选择反向移动。

大疆精灵4无人机的传感系统更加强大，可以有效提高无人机躲避障碍的能力。此外，视觉定位系统的有效高度从原先版本的10英尺（约3米）提升到了30英尺（约9米）。

大疆"悟"1（Inspire 1）

2014年11月12日，我受邀与业界一些有影响的人士前往旧金山市金银岛（Treasure Island）参加了一场发布会。当时我们都知道大疆即将发布一台全新的无人机产品。在活动进行到演讲环节时，一台崭新的大疆"悟"1无人机飞入了现场，这是它的首次公开亮相。当时全场出席者都屏气凝神，因为大家从来没有见到过这样的无人机。

图2.7　金银岛的新产品推介会（右一为作者）

"悟"1在精灵3问世之前发布，是大疆首款"专业消费级"无人机。首先吸引人的是其极具未来感的外观和轰鸣强劲的引擎。当时，"悟"1无人机拍摄的高清画面在发布会现场大屏幕实时投放，效果十分震撼。

相信在本书出版时，新版的"悟"系列无人机就问世了，这很令人期待。（译者注：2016年11月，大疆发布"悟"2无人机。）

下面，我们来了解大疆"悟"1无人机。"悟"1是大疆首款集所有先进技术于一身的小型无人机。可以说，它领先于当时那个时代。"悟"1比精灵系列更大、更重，也更先进。可以说全身都是技术。

首先，机臂由碳素纤维制成，重量轻、

图2.8　"悟"1无人机（Inspire 1）

强度大。此外，当无人机从降落模式变为飞行运输模式时，机臂会抬起螺旋桨，防止螺旋桨出现在镜头中。

"悟"1还内置有视觉定位系统。该系统由一系列朝下的传感器组成，通过结合超声波和图像实现定位。即使在室内没有卫星信号的情况下，也可以稳定无人机。相信在室内用过精灵1和2的用户一定能感受到这项技术的价值。但是，有时也会出现问题。当无人机飞越一些高障碍物，如家里的橱柜家具，视觉定位系统会让无人机不得不提升飞行高度，而室内又没有充足的提升空间。另外一个问题是，在流动的水面飞行，比如海浪。在遇到以上两种情况时，我们可以关闭视觉定位系统，也可以稍微飞高一点，高于下视视觉识别10英尺（约3米）的最大高度。对于精灵4，视觉识别的最大距离为30英尺（9.1米）。（译者注："悟"2的下视视觉高度最大测量高度为10米，超声波最大测量高度为5米）

"悟"1的云台及机载相机可以拆卸并更换其他匹配相机。机载的云台相机可以进行360°旋转，并可由飞手远程操控。此外，"悟"1还支持多机互联模式，一名飞手操作无人机飞行，另一位则控制相机拍摄。机载相机可录制分辨率为4K的视频，拍摄12万像素的数字负片格式照片。

"悟"1使用Lightbridge图传系统，支持大范围、零延迟、高清晰的传输。同时，"悟"1使用大疆 Go App应用。

大疆还为"悟"1发布了几款相机。其中包括X5相机。该相机画幅为微型4/3，可更换镜

图2.9　无人机搭载"禅思"X5相机（Zenmuse X5）

头，可调节光圈和焦距，可以说是一款全功能的相机。禅思X5R相机与X5相似，但其使用固态硬盘存储影像。此外，X5R还能录制无损视频，拍摄RAW格式图片。

一台标配版的"悟"1可以通过把相机更换为禅思X5或禅思X5R来实现升级。在升级时，由于新相机的尺寸较大，我们需要购买升级工具包，对无人机进行改造。这样无人机在降落时，相机就不会着地。

当我们将机载相机从禅思X3升级为X5后，也要对其固件进行升级。搭载禅思X5相机的"悟"1也被称为"悟"1 Pro（Inspire Pro），所以也能够运行Pro的固件升级。升级后，"悟"1 Pro的引擎工作效率更高，电池续航能力更强。

"悟"1还可搭载禅思XT相机。该相机为一款热成像相机，可用于侦查、搜寻和营救等工作。这些就不在本书的讨论范围之内了。

3DR Solo无人机

3D Robotics公司从事航模飞行器及零件制造已经有一段时间。在2015年的全美广播电视展（NAB）上，3DR发布了3DR Solo智能无人机。

3DR Solo是四旋翼无人机，尺寸和重量与大疆精灵系列无人机相似。Solo无人机内置两台Linux处理器，其中一台在无人机机身上，而另一台在遥控器上。遥控器的外形像游戏手柄，其实遥控器就是由Xbox电子游戏机设计团队设计的。

Solo无人机并不搭载相机，需要我们自己在无人机上安装。目前，该无人机可支持GoPro Hero 4相机。Solo无人机载有三轴稳定云台。我们可以通过3DR Solo App应用对相机进行远程遥控。与大疆的Go App应用类似，3DR Solo应用可以在iOS 或安卓设备上安装，也可以在第一人称视角监视器上使用。如果你喜欢使用GoPro相机进行航拍，那Solo无人机是目前最佳的选择。

3DR Solo无人机使用GPS全球定位系统实现机身稳定、自动飞行、智能拍摄及故障返航。

智能拍摄功能是3DR Solo无人机的最大亮点。我们可以选择使用内置的多种拍摄模式，无人机将会自动实现该模式的拍摄。智

图2.10　3DR Solo 无人机

能拍摄主要包括以下模式：

- **自定航线模式**：我们可以设置飞行的起点和终点，无人机将沿着两点之间的连线来回飞行。此外，我们还可以利用该模式使无人机的云台自动倾斜。
- **环绕模式**：锁定一个目标，无人机将会对准该目标，并自动围绕设定目标飞行。
- **跟随主体模式**：将自动跟随操控主体。我们还可以设定与跟随物体之间的距离，这样 Solo 无人机便可在与主体保持一定距离的情况下追随主体运动。保持距离是避免撞击障碍物的最好办法，因为 Solo 无人机没有感知避障的传感器。
- **自拍模式**：将人或景物放于画面中心，按下相应按键锁定，并进入自拍模式，无人机即自动与锁定目标拉开并保持一定距离，这时无人机和云台会自动旋转调整位置，将锁定的人或景物始终保持在画面中心。我们还可以倒放自拍模式下录制的视频，那一段锁定后远离目标的视频则变成一段精彩的推进镜头。
- **全景图模式**：自动旋转无人机拍摄多张图片，实现全景图拍摄。我们只需后期在软件中合成即可。
- **滑索拍摄模式**：为相机设定一个拍摄目标后，Solo 无人机将在飞行过程中将镜头始终对准目标。我们可以使用该模式尝试飞越镜头的拍摄。

固件升级

无论我们使用哪款无人机，都要时刻关注固件升级提示。固件升级可以修复无人机系统漏洞，也可以为无人机增加新的功能。通常当固件可以升级时，设备会发出通知。在升级前，请确保无人机的电量充足，并且千万不要中断正在进行着的升级。此外，我们可以在一些论坛或社交媒体上查看某次升级的反响如何。我通常是在固件允许升级一周后再决定是否升级，其间查看网上关于该次升级的反馈，若是有很多人表示升级后无人机出现问题，我便放弃此次升级，等待开发者提供相应的修复。

自动返航功能（Failsafe）

目前，绝大多数无人机采用卫星进行定位。卫星会标记无人机的具体位置，并在此基础上与引擎配合，不断进行位置和姿态的微调，保持无人机稳定。目前主要应用的卫星定位网络有：GPS（美国全球定位系统）和 GLONASS（俄罗斯全球卫星导航系统）。卫星还有一个重要任务就是标记故障返航目的地。当电池电量低、机器故障导致遥控信号中断，无人机失控时，系统将自动操纵无人机飞回设置的故障返航点，而不是继续飞行直至坠毁。进入自动返航状态后，无人机将会爬升至一个相对安全的高度（具体高度可在应用程序中进行设定，

图2.11　返航点设置

详情请查看无人机自带的说明书），然后返回标记好的返航点，自动着陆并关闭引擎。

此外，当无人机电池电量较低时，也会提示启动自动返航模式。不过这时我们仍可以选择继续飞行。但当无人机电量过低时，系统会进入安全着陆模式。这时，我们仍然可以继续操控无人机，选择不直接降落，而将无人机飞向更为安全的降落点。但当电量低于20％时，无人机进入紧急状态，系统将自动进行安全降落。此时我们再无法操控无人机。这其实是一个很好的安全措施，系统是不会允许无人机在飞行中耗光电量后坠毁的。

我们也可在飞行过程中，按下应用软件上的智能返航键，无人机将自动按照先前设置在既定返航点降落。需要强调的是，在首次飞行前一定要仔细阅读无人机的操作说明，熟悉各项功能。

状态指示灯

在每台无人机下方（通常是机臂下）都会有状态指示灯。它们可为航行提供重要指示信息，包括卫星信号是否锁定，着陆是否安全，电池电量是否充足，是否存在故障，等等。

若要了解不同指示灯信号的含义，还请参看具体的无人机的操作和说明手册。通常，闪烁的红灯意味着绝不是什么好事，黄灯则意味着无人机的某些功能出现故障，绿灯（或3DR Solo上的白色灯）一般指示一切正常。对于自己的无人机指示灯信号的含义，我建议大家一定要好好了解，因为这是无人机在用自己的语言告诉我们重要的飞行信息。

滤镜

许多人对滤镜存在误解，特别是在无人机航拍领域。经常有人在网上问我，我的航拍照片是否加了滤镜。这是个再平常不过的问题，但我发现许多人认为那些清晰明亮、色彩饱和的照片是使用ND中灰滤镜的结果。恰恰相反，有些滤镜是会帮倒忙的，让照片看起来更糟。这一节，我将介绍滤镜的相关知识。相信阅读后，您对滤镜的使用和功能会有更清晰的认识，并在拍摄中合理使用滤镜，拍摄出更好的照片。

图2.12　在无人机相机上添加滤镜

我们所说的滤镜是拧在镜头前的薄薄的玻璃片。不同类型的玻璃片有着不同的功能，以不同方式影响着照片的呈现效果。滤镜不会产生畸变，而且重量轻，所以在航拍中是可以使用的。

本节我将主要介绍以下4种滤镜：UV镜、偏振镜、中性灰度滤镜及中性灰渐变镜。

UV镜

简单地说，UV镜就是镜头前的一块透明玻璃薄片。UV镜可以阻隔刮擦以及撞击，对镜头起保护作用。有的制造商声称，这块精心打磨过的镜片可以使相机拍出来的图片锐度更高，并且能够减少眩光。但有些摄影师表示，这块附在镜头前的镜片反而会制造眩光，破坏照片质量。对于我来说，UV镜就是一片保护镜。

偏振镜

偏振镜可以说是航拍摄影中最有用的一种滤镜。它可以减少太阳眩光及水面玻璃的反光，丰富图片色彩。首先简单介绍一下其工作原理。光线照射到物体后反射散开，这时会产生眩光。而偏振镜可以滤掉杂光，只通过特定方向的光线。通过旋转偏振镜，我们可以对通过光线的方向进行选择。

我们可以将两副偏光墨镜叠放，旋转位于上面的那一副。在转到某一位置时，下面的镜片变成全黑，而这正是偏振镜在起作用。

偏振镜通过旋转到一定位置，可以减少或消除反射和眩光。例如，在拍摄风光时，我们可以通过偏振镜让天空显得更蓝，让云朵显得更清楚，让画面色彩更亮丽。偏振镜的效果如何与镜头和太阳的角度有关。当镜头逆光并与太阳呈90°时，偏振镜的滤光效果最佳。直接面向阳光或者顺光下，偏振镜的效果一般。使用偏振片也会有一些副作用。例如偏振镜会过滤掉一部分光线，肯定会降低图片的曝光。但有时，我们正需要降低曝光。

我们不可能在无人机飞行时旋转偏振镜。要想远程操控，只能是在偏振镜上安装伺服

图2.13　没有使用偏振镜拍摄的图片（使用大疆精灵4无人机拍摄）

图2.14　使用了偏振镜之后拍摄的图片——色彩更加饱和

系统，据说已经有人在开发这种系统。不过目前我们只能在无人机未起飞时手动调整好偏振镜。但挑战是，在旋转偏振镜时我们要让相机开机，并盯着无人机拍摄出来的预览画面。但是敏感的云台会让这个过程变得困难。我们此时调好了偏振镜的角度，可以过滤掉不想要的杂光，但当无人机云台旋转过后，偏振镜的效果就不一定理想了，这时要么凑合着使用，要么降落无人机重新调整。

偏振镜的另一个缺陷是，在广角镜头上使用时，其偏振效果无法覆盖全部画框内容，而出现颜色不均匀的现象。如图2.14所示，天空中间部分有点暗，而边缘部分有一些亮。所以在拍摄全景图时，使用偏振镜拍摄反而会增添麻烦，可能会拼合成豹纹似的天空。所以，偏振镜有时可以成为拍好照片的利器，有时则会成为航拍的累赘。鉴于偏振镜的这些弱点，我在航拍中并不经常使用偏振镜。

中性灰度滤镜

如果我只能拥有一块滤镜，我就会毫不犹豫地选择中性灰度滤镜（中灰镜）。这种滤镜不会改变光线的质量和颜色，既不会让照片更清晰，也不会消除眩光，更没有传说中的那些神奇功效。中灰镜的唯一作用就是减少进入镜头的光线。因为进入镜头的光线少了，所以我们必须要减缓快门速度，才能达到准确的曝光。当然，我们也可以提高感光度，但这会增加不必要的噪点。下面我想介绍一点基本的曝光原理及中灰镜的使用。

在摄影中，快门速度是指快门开启、光线照射感光元件的时长。当拍摄环境明亮时，快门速度需要加快（译者注：在光圈感光度不变的情况下），否则所拍的照片将会过曝过亮。反之，当环境昏暗时，要延长曝光时间，即降低快门速度，否则照片将因为欠曝而太暗。

当快门速度达到1/1000时，运动就会被"凝固"，不会产生一点运动模糊。如图2.15所示，高速快门凝固下的海浪的运动。

而拍摄图2.16使用的快门速度为0.6秒。这种慢速快门可以将快门开合期间发生的运动都记录下来。对于浪花，可以营造出流动、平滑的感觉。

ND中灰滤镜的作用就是通过减少光的进入，延长曝光时间，从而减慢快门速度。密度等级不同的中灰镜可以通过影响曝光，对快门速度带来不同程度的影响。镜片灰度密度越高，阻挡的光线也就越多，快门时间也就越长。所以在拍摄照片时，我建议大家不要轻易使用中灰镜，除非你想要减慢快门速度或拍摄动态模糊照片。若在航拍图片中使用中灰镜，要确保无人机悬停在空中，让镜头中的物体运动；如果这期间无人机有丝毫移动，拍摄的画面就有可能是模糊的。总之，ND中灰滤镜并不像有些人说的那样可以让照片更加锐利、更加清晰，结果恰恰相反。

图2.15　高速快门
凝固下海浪的运动

图2.16 使用0.6
秒的快门速度拍
摄的浪花

不同的滤镜厂商会用不同的标记方法来表示中灰镜的密度。表1展示了两种规格的标记以及其对应的对光圈和快门产生的变化。

表2.1

ND 规格 1	ND 规格 2	光圈降挡或快门提挡
ND2	0.3	1 挡
ND4	0.6	2 挡
ND8	0.9	3 挡
ND16	1.2	4 挡
ND32	1.5	5 挡
ND64	1.8	6 挡

在视频拍摄中，中灰镜是必不可少的。因为若想保持视频的流畅自然，需要调节好快门速度。与拍摄照片、捕捉锐利的影像不同，拍摄视频不能使用过快的快门。微慢一点的快门

可以让画面更加流畅自然。例如，拍摄流水的视频，如果快门速度过快，画面将会打断而不连贯；水滴则变得像火花，失去了液体的质感。

拍摄视频的合理快门速度大约为帧率的2倍。例如，视频帧率为30fps，那么理想的快门速度就是1/60。对于60fps的视频，快门速度要提至1/120。而对于大多数帧率为24fps的视频，一般使用1/50的快门速度（由于没有1/48的快门速度，所以我们选择最接近的快门速度）。

大多数情况下，为了实现正确曝光，摄像机的快门速度会远远高于理想速度。这时就需要使用中灰镜减少进光量。一般来说，使用中灰镜后所拍摄出来的视频质量比不用的要好。除非是在阴暗的天气，白天户外航拍视频最好始终使用中灰镜。我们可以打开相机后，在无人机App上查看现场光线下的快门速度，如果超过了理想速度，就使用ND中灰镜。

在晴好天气的白天，一般可以使用等级为ND16的中灰镜。若在雪天或在水面等明亮环境下拍摄，可以使用ND32的中灰镜。相反，如果是阴云天气，可以使用ND8的中灰镜。

常见的成倍快门速度挡位：1/1000，1/500，1/250，1/125，1/60，1/30，1/15，1/8，1/4，1/2，1秒……

中灰渐变滤镜

最后，我想介绍一下中灰渐变滤镜。这种滤镜的上面部位为灰黑色，下面部位为透明的，两部分中间自然过渡。我们可以使用渐变滤镜拍摄天空，上半部的灰色过滤掉一部分光线，压暗了天空，而透明部分不会减少天空下面景物的曝光，这有利于户外的风景拍摄。因为天空作为光源一般会比地面更加明亮。使用了中灰渐变滤镜后，只有天空的曝光减弱，既保留了地面景物的细节，也展现出天空更多的细节。

第一人称视角监视器

所谓第一人称视角，就是相机"看到"的即为你看到的。"毁灭战士""使命召唤"被称为第一人称射击游戏，正是因为游戏者的视角与游戏中人物一样，游戏者如临其境。第一人称视角监视器和这些游戏类似，飞手可以通过传来的实时影像观看到无人机周边环境，进一步控制无人机飞行以及躲避障碍物。当无人机飞远以后，由于视差，我们很难用肉眼判断其与远处障碍物的距离，所以这时第一人称视角观测就显得尤为重要了。

第一人称视角监视器对于航拍的帮助很大。我们可以在监视器中看到并调整拍摄画面，同样在拍摄视频时也可以查看所拍摄的镜头，并观察镜头的完成情况。

第一人称视角监视器主要有两种：屏幕显示器和防护眼镜。

第一人称视角屏幕显示器

现在我们谈论的显示器，多指手机或平板电脑。当然也不完全是，像大疆"悟"1就可通过HDMI使用大型的监视器来查看相机拍摄的内容。

比较常见的监视器是安装有无人机软件的iOS或安卓系统的手机或平板电脑。这些软件大多集成多种功能，我们可以使用它们实现无人机和相机的操控，显示并更改速度、位置等飞行数据，查看相机拍摄的实时画面。还有一些应用可以记录飞行数据，我们可以在完成飞行后查看相关信息。

我所使用的监视器是iPad Air 2，虽然它不是最新的平板电脑，但它可以与大疆的精灵系列以及"悟"系列实现很好的配合。大疆精灵3专业版和高级版、精灵4以及"悟"1的图传系统都是Lightbridge。该系统将相机拍摄的画面，采用高清信号，清晰且无延迟地传送到我们的平板电脑上。大多数情况下，我习惯肉眼观察着无人机的飞行，同时查看监视器来了解无人机周围环境。但在拍摄视频时，我会主要观看监视器，确保录制画面的质量，同时感受无人机的速度和运动。此外，我也会兼顾着观察周围环境，或者请一位助手，在我专心看监视器时帮我观察无人机的飞行环境。当完成既定拍摄任务后，我会将视线从监视器转移到无人机，确保下一步飞行安全。

对于监视器屏幕来说，反光是个令人头疼的问题。所以我建议在显示屏上加一个遮阳装置。我们可以使用黑色塑料泡沫动手自制一个这样的装置。在操控无人机时，可以佩戴墨镜，但确保戴的不是偏光镜，因为戴着偏光镜很难看清屏幕。

第一人称视角防护眼镜

沉浸式眼镜加上第一人称视角可以带来如临其境的视觉体验。对于航拍，无人机拍摄画面呈现在眼镜上，戴眼镜者如同随着无人机在天空飞行。第一人称视角沉浸式眼镜经常用于无人机竞速比赛。

因为我使用无人机是为了拍摄照片和视频，所以不会只"沉浸"在第一人称视角眼镜中。我还需要密切关注无人机的飞行环境和状态。当然，我们也可以用肉眼看着无人机飞向指定位置，查看好周围环境，然后带上第一人称视角眼镜继续航拍。如果可能，我建议大家使用"悟"系列的多机互联模式，一名飞手使用肉眼观察并操作无人机飞

图2.17 连接iPhone的遥控器

行，另一位则控制相机拍摄。控制相机的操作员无需担心飞机的飞行情况，只需要戴上沉浸式眼镜，全身心地去拍摄好的画面。

还有的眼镜可以接入遥控器的HDMI输出口，如肥鲨眼镜（Fat Shark）。这种眼镜可以观看到更加高清的画面。还有一些智能眼镜，如爱普生Moviero系列，因为其本身也是透镜，既可以让观看者看到无人机的环境，也可以看到相机拍摄的实时画面，还能像抬头显示器那样，显示无人机飞行的状态数据。但是，当在阳光较强时显示效果不佳。

图2.18 爱普生Moviero BT 200 眼镜

虚拟现实眼镜

时下另一种很火的眼镜是VR/AR虚拟现实眼镜。我们可以将自己的手机置入一个半封闭盒中，类似谷歌纸盒（Google Cardboard）。因为连接手机，所以这种眼镜无需使用HDMI接口，普通的USB接口即可。

目前在诸多虚拟现实眼镜中，蔡司VR One虚拟现实眼镜（Zeiss VR One）较为突出。该眼镜带有一个专为不同型号手机设计的托盘，我们也可获得CADs图纸，自己设计并3D打印出适合自己终端的托盘。下载最新的支持软件，将手机放入虚拟现实眼镜，然后就可以戴上眼镜飞行无人机了。我们也可以使用虚拟现实眼镜观看3D影像。蔡司的虚拟现实眼镜支持AR增强现实功能，相应的App应用可以在显示上叠加更多内容。

我们还可以在终端上使用Visual Vertigo 3D FPV应用。该应用可以让单镜头的无人机将3D立体的影像呈现在眼镜设备上；还能

图2.19 蔡司的Zeiss VR One眼镜

图2.20 Visual Vertigo眼镜

让操作者通过转头控制相机方向。iOS、安卓手机及虚拟现实头盔都可安装Visual Vertigo 3D FPV应用。此外，安装该应用的手机可以放置一些便宜的普通头盔，成为虚拟现实头盔。总之，这些五花八门的虚拟现实眼镜及日新月异的技术为无人机带来更加令人激动的体验。

电池

电池为无人机飞行供能，我们安装电池、飞行、清空，充电，然后再重复。这看似简单，其实不然。这一节，我会介绍一些电池安全和延长电池寿命的知识。

无人机常使用的电池是锂聚电池（LiPo），即锂聚合物电池。这种电池和笔记本里的锂电池原理类似，只不过锂聚电池中的电解液为有机电解液，外面包裹着聚合物，而且是一种电池组。锂聚电池因其能量高、重量轻、可塑型强而广受欢迎。

首先介绍充电。在对电池进行充电时，应选择通风条件好、防火措施到位的地点。充电过程要有人看守。一些智能充电器可以在电池充满后自动切断，提高充电的安全性和便利性。一些电池在充满后若继续充电，可能会引发爆炸，释放出的气体和产生的火花可能会引发火灾。锂聚合物电池爆炸的事件屡见不鲜，我们应当重视起电池的安全问题。

当然，如果使用得当，锂聚电池还是非常安全的，并且可以使用很长一段时间。严禁将电池长时间置于太阳下，也不要尝试在电池上做什么手脚。有时，电池会膨胀或者鼓起一些

图2.21　锂聚电池

包，这时我们要将其妥善回收，一定不要尝试用锐器切开鼓胀部分。

电池在使用后，一般会发热，我们要等其冷却后再充电，这样会延长电池的使用寿命；反之，对一块发热的电池进行反复充电，不出几小时，电池就会完全报废。

储存电池的地点要阴凉通风。如果要长期放置电池，我们要在电池中留有余电，一半的电量即可。储存时一定不要将电池充满或者完全不留一点儿电量。大疆的智能电池会在停止使用约10天后，自动放电至电量的一半。具体几天后开始闲置放电可以在大疆的手机应用中设置。在对所有电池进行设置时我们需要把电池放入无人机中，开机并使用App为每一组电池进行设置，最后关机保存。

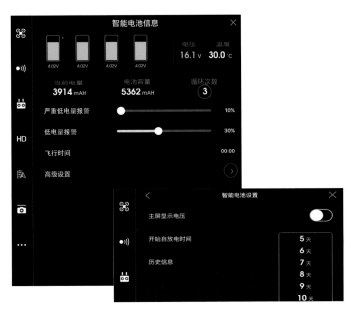

图2.22　在大疆应用中对放电时间的设定

如果我们要带着这些锂聚合物电池乘坐飞机，请一定确保其放在随身行李中，而不是托运行李中。而且，随身携带的电池也不应完全充满，电池的电极也要装上保护套。如果每块电池的额定能量值低于100瓦/小时（大疆精灵系列以及"悟"系列使用的TB47s智能电池均低于100瓦/小时），那么航空公司一般不会限制我们携带的数量。如果携带的是TB48智能电池（译者注：能量为129.96瓦/小时），那么一些航空公司会要求至多携带两块。我们如果需要携带更多的电池，可以向有关人员提出申请。但一定不要向机场的安检人员或空乘人员申请，因为他们大多不了解民航关于电池的具体规定。记得有一次在拉斯维加斯（Las Vegas），我被赶下了美国西南航空公司（Southwest Airlines）的航班。原因是我向空乘人员说明了携带电池情况，但乘务人员并不了解相关规则。她随后咨询了飞行员，但显然也没有得到答案。最后我竟被赶下了飞机。我错过了航班并在机场延误了几个小时。最后在致电航空公司总部说明情况后，事情才得以解决。

因此，如果要携带能量高于100瓦/小时的电池时，我们要提前致电航空公司，向了解具体情况、知晓行李携带电池限制的专业人员说明情况并提出申请。此外，我建议大家打印好所前往国家或地区的航空管理部门的相关规定并随身携带。如果无法随身携带电池，也千万不要将锂聚电池放在托运行李中。在安检时，将电池的参数部分放到容易看到的地方，不必过分紧张，否则会引起安检人员的注意。

严禁托运锂电池的原因很多。首先，这是一种违法行为；但我们随身携带就没有问题了。没有完全充满的锂电池是安全的，不会无缘无故地自燃爆炸，所以我们可以随身携带这些电池，装配该种电池的笔记本也允许在飞机上使用。

假设电池不幸出现问题，如果在随身行李中或在客机舱里，我们会迅速发现并及时处理。但若是在托运行李舱，没有人会发现电池出现问题，直至其发生自燃爆炸。更可怕的是，据说托运行李舱使用的消防器无法有效扑灭锂电池引发的火灾。这便是禁止托运锂电池的原因，即使在托运行李舱也没有什么会致使锂电池爆炸的因素。同理，我们笔记本电脑的备用电池也必须随身携带，不能托运。

关于携带电池旅行，还有一个注意事项：在过安检的时候，请记得把所有电池从包裹中拿出，并全部放在一个单独的盒子中接受检查。X射线安检仪无法检查电池内部，所以安检员会单独查验这些电池，排除安全隐患。如果我们将电池分散在其他行李中，那么每个包都无法经过安检仪，只能挨个人工打开查验，大大延长了安检时间。

除了西南航空公司那次经历外，我多次携带着锂电池乘坐飞机多次，没有遇上麻烦。综上所述，安检时将电池放到单独盒子中备检，携带时放到随身行李中，遵守相关限定和法规，一切都会很顺利。此外，还要注意一些规则的改变，在出发前查看最新的法律法规。

SD存储卡与读卡器

航拍的画面被存储到记忆卡中。microSD卡因其尺寸小、重量轻，可以支持更小型的相机而成为航拍常用的存储卡。

存储卡的质量也很重要，不仅仅为了耐用、稳定，还为了实现较快的存储速度。在航拍中，我们至少要使用Class10级的存储卡。若拍摄高清4K视频，存储卡的读写速度还需要更快。高速的读写速度对于拍摄照片也同样重要。在拍摄完一张照片后，我们可能需要更改设定再拍摄。这时对于许多相机（包括大疆无人机搭载的相机）需要在写入上一张照片的数据后，才能调整相机、按下快门拍摄下一张照片或视频。相机在存储卡上写入数据时，我们会看到一个蓝色的圈在软件界面的相机快门按键旋转。存储卡的速度等级越高，其写入速度也就越快，我们的相机进行下一次拍摄的反应时间也就越短。存储卡的速度快慢在拍摄包围曝光图片以及连拍中显得更加重要。

我目前所用的是雷克沙（Lexar）1800x存储卡，它采用UHS-II高速存储技术，写入速度可达到100/MBs，读取速度可达到270/MBs的。存储卡的速度（写入速度）不仅在拍摄时显得至关重要，我们在拍摄完成后将图片及视频转存至电脑或硬盘中时，也会感受到速度（读取速度）的重要性。

将存储卡中的数据导入电脑需要好的读卡器。许多雷克沙的存储卡都会附带一个USB适配器和一个SD卡槽来读取并导出卡片中的文件。我使用的是雷克沙Workflow UR2读卡器，它是USB3.0的读卡器，可同时读取3张microSD卡。如果我们使用的卡为UHS-II高速卡，要确保读卡器也是是高速的，才能实现高速的传输速度。

图2.23 雷克沙 microSD卡

还有一个小建议：当我们完成拍摄并从卡中拷取出文件后，先不要清除卡中的文件，一定要确认是不是所有的数据都已经保存成功。然后将卡放入相机，对存储卡进行格式化，这样可以提高下次使用存储卡的稳定性。一定要养成良好的文件拷取习惯，比如我们可以每次拍摄完立刻拷出照片或视频。这样，就不会误删文件。因为看着自己辛苦拍摄的成果由于操作失误而付诸东流，实在令人痛心疾首。

图2.24 GPC品牌无人机机箱

无人机的箱包

当我拿到自己的第一台无人机时，首先要做的就是为其找一个适合出行携带的箱子。显然无人机售卖时的纸箱子是不行的，它用不了多久。那么购买无人机收纳箱包需要注意哪些问题？首先，箱包要为无人机提供很好的保护，这也是最重要的一点。所以箱包内部必须要贴合我们的无人机，否则无人机就会在其中晃荡。箱包内部材质要柔软，否则就会破坏无人机。同时，要有一些单独的分区空间，可以放置遥控器、备用电

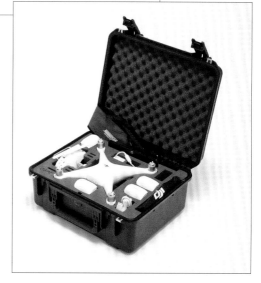

池、螺旋桨、第一人称视角显示器、读卡器、充电器等其他配件和工具。如果要是出远门，我一般会带上一两个充电器，当然还要视无人机情况而定，有时可能会带上四五块电池。

我个人经过综合比较，认为目前市面上较好的无人机机箱为GPC品牌（网址：goprofessionalcases.com）。该品牌的机箱是由防水塑料制成，材质坚硬耐用，并且在封口处使用橡胶，可以防潮、防灰、防沙。箱子内部设计合理，水流切割的泡沫保护垫可以很好贴合放在其中的无人机；其他配件也有相应的存放空间；我们也可以对内部布局按照自己的无人机和配件做出调整。

　　GPC品牌除了有机箱外，还出品背包，同样也是可以自由调整的泡沫垫。背包可以放下精灵系列的小型无人机，也可以放下稍大点的"悟"系列。此外，创意坦克（Thinktank Photo）也出品无人机收纳背包，例如为"精灵"系列设计的Helipack背包。

　　徒步拍摄时，我会选择使用背包带着无人机，而如果是乘车或乘飞机，我会选择硬壳的机箱。GPC的硬壳机箱可以安装轮子，便于运输。这对于携带一些像"悟"系列重量较重的无人机来说十分实用。

拍摄地点：美国加利福尼亚拉古纳海滩海斯勒公园（Heisler Park）
拍摄时间：2016年4月
拍摄器材：大疆精灵4
拍摄说明：115张图合成的HDR全景图。在Lightroom CC合成HDR和
　　　　　全景图，后在Photoshop CC继续处理。

第三章

无人机飞行操控

倾若我们要去驾驶一架真的飞机，肯定要先到飞行学校学习飞机驾驶。在那里，我们将学习飞行的相关理论，了解温度、高度会对飞机产生何种影响等知识；学习飞机的操控，练习倾斜、爬升等不同的操作，最重要的是学会安全起降飞机。当完成了这些学习任务之后，我们可以选择参加仪表等级考核，了解并熟知等级不同的仪表指针和数字的作用与含义。

在这一章，我们将会采取与真实飞行员练习飞行相似的方式，对无人机的操控技术进行学习。相信只要大家认真阅读并活学活用，很快就能成为一名操作熟练的无人机飞手。我将在下一章介绍如何使用无人机摄影，所以本章将不涉及如何取景等摄影问题。在拍照之前，首先我希望大家能够专心致志地学习如何操控无人机飞行，因为飞行是航拍的基础，为摄影提供技术支持和信心。可以说，只有飞行技能过硬，航拍出来的照片和视频才会好。学习掌握无人机的飞行是一个需要持之以恒、熟能生巧的过程。

飞行前检查

在操控无人机上天飞行前，我们需要做以下几项检查，以确保长时间的安全飞行。

- **起降地点**：起飞要选择水平且视野开阔的地方。不仅要考虑到起飞，还要计划好降落地点。降落地点同样要求空旷且没有人、动物、树木等障碍物。同时留意起降点的一些金属物，它们可能会干扰无人机指南针的工作。我们所选择的起飞点也会默认为无人机的故障返航点。关于故障返航点的设定，我们可以通过问自己以下几个问题来确定：这个地方是否足够空旷得可以降落无人机？无人机在返航途中是否会碰到树木或电线？

- **飞行条件**：确保风力不会影响无人机的安全飞行。我强烈反对在雨天或大雾天气飞行无人机。一是因为雨水或水汽会损坏电子设备；另外一个非常重要的原因是，无人机飞行对能见度有要求，我们要在视线范围内进行飞行。除了气象条件，我们还需在应用程序上查看航拍区域是否允许飞行拍摄，是否远离机场等禁飞区。

- **电池状态**：确保所有设备的电池都已充满，包括遥控器的电池、监视器或移动设备的电池以及无人机的电池。同样还要确定电池的工作状态良好，检查电池是否膨胀或者出现损坏。请不要使用工作状态不正常的电池。虽然电池很昂贵，但是绝对不值得以牺牲整架无人机的代价来冒险。

- **磨损程度**：确保无人机及其他装置上没有可见的损坏，包括螺旋桨上没有缺口，无人机外壳上没有裂纹。如果无人机的螺旋桨出现了缺口或变形，使用时会影响到机身的平衡；还会造成相机震动，或导致所拍出来的照片非常模糊，或者所拍摄的视频出现"果冻效应"（视频出现明显的摇晃和扭曲，就像果冻成块地进行扭动一样）。

- **零件固定**：确保无人机的所有零件紧紧固定且状态良好，尤其是所有的螺旋桨。确保无人机在飞行中不会有松动部件脱落。

- **固件版本**：固件是指无人机内部的计算机与无人机硬件连接的程序。在飞行前，我们要确定无人机已经更新最新固件。如果有新的固件升级，大疆或3DR的无人机都会提示。

- **IMU和指南针校准：** 当IMU惯性测量单元和指南针没有准确运行时，系统会给予警告。我们可以在App应用中对IMU和指南针进行校准。校准完成后，我们会看到屏幕飞行器状态提示栏变为绿色并显示"可安全飞行"，如图3.1所示。

如果我们想要对指南针进行校准，可以参看文章后面介绍的一种校准方法——指南针校准舞。

在每次更换电池以后，我们都要做以下检查：

1. 如果无人机在GPS模式飞行，要确保锁定GPS信号。

我们可以查看卫星图标是否变成绿色，或查看机身是否有慢闪的绿色指示灯。如果在室内飞行无人机，可以切换至姿态模式（ATTI）。

2. 确定相机内已经插入存储卡，并且要确保存储卡插入正确。

设想我们把无人机飞行到拍摄点时才发现，相机内没有存储卡或者存储卡没有安装正确，那实在是令人懊恼。我自己有个习惯，就是去拍摄时随身携带好几张存储卡，每次更换电池时都会同时更换存储卡。并且在拷完照片或视频文件后，我会格式化存储卡；这样可以确保卡内充足的存储空间和良好的读取状态。通过更换存储卡，我可以最大限度地降低一整天拍摄成果付之东流的风险。

图3.1

指南针校准舞

检查并校准无人机上的电子指南针是一项相当重要的工作，有助于确保系统准确标记无人机的位置。无人机的安全返航功能以及遥测功能都需要指南针运行准确。甚至有人认为，如果指南针发生故障，无人机最后就会自己飞走。我们不必在每次更换电池之间都对指南针进行校准。但在去一个新的地点飞行时，我建议一定要在飞行前对指南针进行一次校准。

因为指南针的校准动作有点像跳舞，所以我们可以将其形容为一种"指南针校准舞"。其实，在不少地方现在还举行有指南针校准舞大赛。校准舞的过程是将无人机的指南针进行360°垂直和水平的旋转。校准工作需要在室外进行，周围不受有线和无线电波干扰，并且远离大型金属物。我们还要检查自己口袋中有没有类似于汽车钥匙和移动电话等带有磁性的物体。

具体校准方式如下：

1. 在应用程序上选择"指南针校准"进入校准模式。对于大疆无人机，还可以通过迅速开闭五次GPS开关，打开校准模式。进入后，无人机指示灯就会转变成黄色常亮，这表明我们已经成功进入到了校准模式。

图3.2　指南针校准舞

2. 抓住无人机水平顺时针方向旋转360°，这时指示灯显示绿色常亮。

3. 将无人机机头朝下，电池朝向自身，然后进行360°旋转。直到指示灯为闪烁的绿灯，这意味着我们已经成功校准了无人机的指南针。

若飞行器状态指示灯显示红、黄灯交替闪烁，则说明校准失败。我们可以重复上面的动作。若还未成功，则必须更换校准场地，远离遮蔽卫星信号的障碍物。如果指示灯为闪烁的红灯，我们则需要利用应用程序对指南针进行校准。在这种情况下，需要通过应用程序中的指南针校准选项进行一次完整的校准，之后再进行一次指南针校准舞。

第一人称视角监视应用

一般说来，航拍无人机由两部分组成：无人机、遥控器等硬件与应用程序软件。有的遥控器自带监视器显示屏，但大多数情况我们需要自己携带监视装置，即连接遥控器的智能手机或平板电脑。在应用软件的支持下，这些连入遥控器的手机或平板电脑可以显示无人机拍摄到的画面，成为第一人称视角监视器。

遥感信息同样会在屏幕上显示，提供无人机飞行高度、空中速度等重要数据。有些设备还能显示互动地图，帮助飞手了解飞行的位置信息。此外，电池量也是很重要的一个数据，我们要经常查看剩余电量。在电量接近30％左右时就应降落无人机。

需要指出的是，不同的应用程序对于校准和设置会有不同的菜单选项。由于当前市面上的无人机品牌和种类众多，并且各种应用程序时常更新，所以我不打算就某个特定的应用程序做详细介绍。我们可以在自己的无人机的使用手册、飞行教程及互联网上了解应用程序的具体功能和使用方法。此外，大家还可以在我开设的PhotoshopCAFE.com网站观看具体的教学视频。

操控飞行基础

遥控器

目前无人机的遥控器品类繁多，但殊途同归，一些基本的操作是相同的。遥控器通常会有两根摇杆，分别控制不同的飞行动作。大多数遥控器允许按照飞行者的习惯，配置摇杆的对应操控动作。

这里有一些飞行术语需要我们了解：

- **航向（Yaw）**：控制飞机左右旋转；
- **横滚（Roll）**：控制飞机左右移动；
- **俯仰（Pitch）**：控制飞机前后移动。

左侧摇杆控制着无人机的飞行高度和航向；右侧摇杆控制着水平空间上的移动，包括俯仰和横滚。下面我们来了解一些飞行操作。（译者注：本章遥控器设置为美国手。请阅读你所使用的无人机说明书，查看摇杆对应操控。）

首先是起飞。通过向前推左摇杆，控制无人机爬升至一个理想高度。推动的杆量越多，

图3.3 遥控器与
飞行控制

无人机移动得也就越快。如果这是你的第一次飞行，我建议操作摇杆时尽量细微且缓慢。

当无人机达到安全高度（高于人群和其他障碍物，但还在我们视线范围内）之后我们就可以开始练习移动无人机了。这时我建议大家将注意力先集中在右摇杆上。连贯的操控动作是推动左摇杆控制无人机爬升至安全高度，然后先不用动左摇杆，集中精力控制右摇杆来练习无人机前、后、左、右的飞行。

此时，我们先不要控制航向。因为无人机航向的变化是根据机头方向而不是飞手的位置来确定的。例如，当无人机完成了一个180°的水平旋转后，遥控器右摇杆的操控就完全反了过来。这可能听起来有些复杂，不过经过练习后我们会逐渐习惯的。

下文将介绍几种飞行动作练习，它们可以帮助我们熟悉无人机的操控。相信大家在操作以下各种飞行动作后再遇到机头背对自己的情况时，就不会感觉"找不着北"了。而且通过反复训练，我们就可以掌握无人机飞行，为拍摄打下牢固基础。飞行练习是需要时间和耐心的，不可能一个下午就能掌握所有的飞行技巧。一般经过一个月的练习，我们便可以成为一名合格的飞手了。

十二组飞行训练

下面我们开始学习如何操控无人机完成各组飞行动作。我将介绍十二组飞行练习，帮助大家全面掌控无人机的飞行，增强自信，成为飞手中的高手。这十二组练习，我们要循序渐进，步步为营。前一组练习往往是后一组练习的基础，所以在完全掌握当前阶段的技能要点之前不要轻易进入下一阶段练习。

练习一：上升，停悬，降落

我们要在该组练习中领悟控制摇杆的感觉。开始飞行时，请确保站在逆风向，这样即使无人机受风影响失去控制，也不会砸向我们。启动引擎，将无人机缓慢飞至相对低的安全高度，让无人机在空中悬停。尝试前后操控左摇杆，改变无人机悬停的高度，最后将其缓慢降落着陆（图3.4）。

练习二：直线飞行

首先，还是将无人机飞到安全高度。然后向前推右摇杆操控无人机前倾，并向前飞离我们。飞离了一段距离后将无人机悬停；然后回拨右摇杆，将无人机尽可能沿着直线的方向飞回；最后平稳降落（图3.5）。

练习三：方形飞行

在该组练习中，我们将在安全高度使用右摇杆操控无人机沿着方形路线飞行。首先，像练习二开始时的那样，直线飞出一段距离，悬停在空中。这时再向左拨动右摇杆，无人机即向左直线飞行。飞行一段距离后，悬停，再以直线飞行的方式向我们的方向飞回。最后，向右拨动右摇杆，无人机向右完成正方形航线的飞行（图3.6）。方形飞行能够增强我们在不同方向飞行时的感觉。如果练习过程中无人机出现旋转，我们可以使用右摇杆稍作调整。要克制使用左摇杆调整航向的冲动，稍后我们再学习左右摇杆配合操控无人机飞行。

练习四：圆弧飞行

在该组练习中，我们将更为自由地操控右摇杆。与方形飞行不同的是，这次无人机将按逆时针方向飞行出一个圆弧（图3.7）。这里我们要细致、缓慢地进行操作，如果遇到了困难，只需将摇杆回至空档中间位置让无人机悬停，然后再继续操作。该练习可以增强我们对无人机操控的手感。我们可以尝试从小一点的圆弧飞起，然后循序渐进地尝试大半径的圆弧飞行。

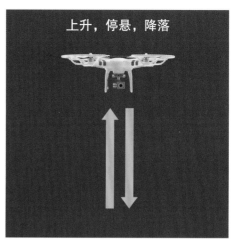

图3.4 上升，停悬，降落（注：蓝色箭头为无人机飞行方向）

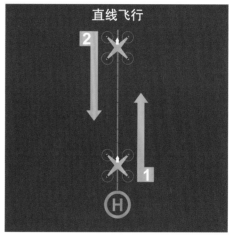

图3.5 直线飞行（注：蓝色箭头为无人机飞行方向，无人机机身上的白色箭头为机头方向）

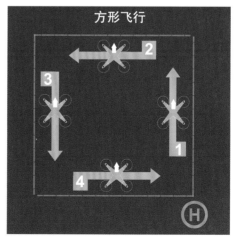

图3.6 方形飞行

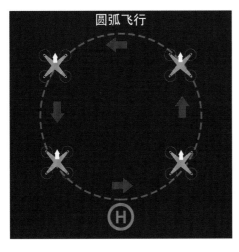

图3.7 圆弧飞行
（注：红色箭头为
右摇杆推动方向，
无人机机身上的
白色箭头为机头
方向）

圆弧飞行

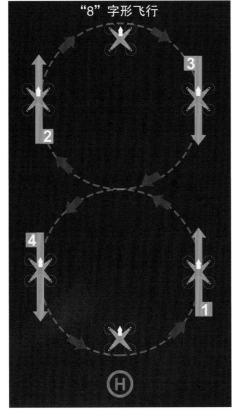

图3.8 "8"字形
飞行（注：蓝色
箭头为无人机飞
行方向，红色箭
头为右摇杆推动
方向，无人机机
身上的白色箭头
为机头方向）

"8"字形飞行

练习五："8"字形飞行

从该组练习开始，操作难度增加了。不过在前四组练习中，我们已经掌握了无人机右摇杆的基本操作，所以这个练习不会太困难。首先使用右摇杆操控无人机沿着逆时针方向飞出圆弧形，在完成一个半圆的飞行时，使用右摇杆改变方向沿顺时针飞行，呈"S"形航线再飞出一个半圆弧，在完成半圆后继续飞出整圆。最后改变方向完成一个完整的"8"字形航线（图3.8）。请大家耐心练习飞行"8"字形航线，直到飞出的"8"字十分标准，并且可以熟练改变圆圈大小。这时我们算是掌握了一些飞行无人机的"真功夫"。

学习改变机头朝向

当前面几组飞行动作都已轻车熟路后，我们就可以开始练习使用左摇杆控制无人机航向了。这个过程需要左右手配合。有点像学习敲鼓，一般是首先学敲鼓，等熟练后加上用脚踢鼓。

在前面的练习中，我们可以在不使用左摇杆改变航向的情况下，控制无人机实现各种航线的飞行。但左摇杆可以带来偏航，可以改变相机方向，这对航拍来说很重要。若是使用第一人称视角监视器查看飞机状态，控制无人机的方向不是难事；特别是对于那些熟悉第一人称视角游戏的朋友，更是轻而易举。但在该阶段，我建议大家还是用肉眼监视无人机的飞行，并且在脑海中想象自己就在无人机上，并根据这个想象结合视线的监视决定无人机的操控动作。这里我们依旧要耐心练习，正确形成肌肉记忆，达到视线、想象和手的默契配合。

首先将无人机停悬在我们前方几米处，然后练习拨动左摇杆。向左推左摇杆，无人机向左边逆时针旋转偏航；向右推左摇杆，无人机则会向右顺时针旋转偏航。推动的杆量可以改变旋转偏航的速度。我们可以尝试着拨动左摇杆，让无人机在空中旋转，改变机头朝向，感受操控无人机航向的感觉。

练习六：机头朝前的方形飞行

就像练习三那样，我们将要操控无人机飞出方形航线。但在这组练习中，我们要保持机头的朝向与飞行方向相同（图3.9）。首先，还是控制右摇杆让无人机向前飞行（机头朝前）。到远离我们的那一点后，悬停并使用左摇杆让无人机向左偏航45°，机头已经朝向我们的左边。这时向前推右摇杆，控制无人机向自己的前方（我们的左边）飞行。这是我们第一次尝试非顺头飞行，即右摇杆推动的方向与无人机相对于我们前进飞行的方向不同。所以一开始大家可能不是很适应。无人机向前飞行完方形的一个边长后，悬停无人机，然后使用左摇杆将机头逆时针旋转45°，这时机头正冲着我们。所以当我们向前推右摇杆时，无人机则朝我们飞行。因此，向前推右摇杆总是会把无人机的机头推向前，无论机头指向哪个方位。当我们操控右摇杆时，要明确机头的方向，不要把自己作为方向的标准，而是以无人机作为标准操控。有些人可以很轻松地在大脑中转过这个弯，有的人则需要多加练习。总之，多些耐心且小心地尝试，一定会适应的。最后，逆时针旋转45°，机头与飞行器下一步的前进方向相同，继续向前推动右摇杆完成方形飞行。

练习七：机头朝前的圆弧形飞行

在这次圆弧飞行中，无人机的机头前进方向始终保持一致。我们会一直轻轻地向前推右摇杆让无人机前移，同时操控左摇杆实现无人机机头方向的实时变化。我们可以试着飞一个

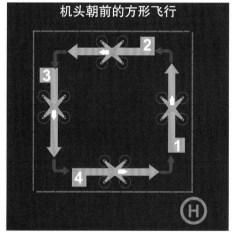

图3.9 机头朝前的方形飞行（注：红色箭头为无人机机头转动方向，蓝色箭头为无人机飞行方向，无人机机身上的白色箭头为机头方向）

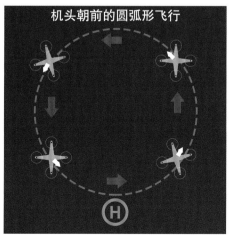

图3.10 机头朝前的圆弧形飞行（注：红色箭头为无人机飞行方向，无人机机身上的白色箭头为机头方向）

图3.11 机头朝前的"8"字形（注：蓝色箭头为无人机飞行方向，无人机机身上的白色箭头为机头方向）

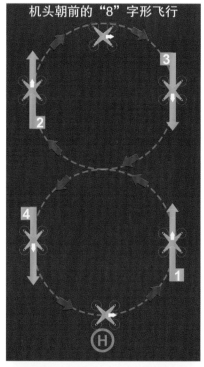

图3.12 圈内着陆

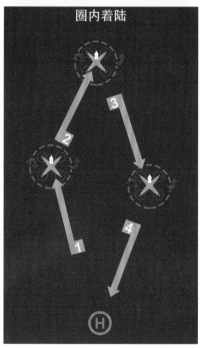

完整的逆时针圆圈（图3.10）。即试着用前推右摇杆让无人机保持匀速飞行，然后轻轻左推左摇杆，让机头缓慢地逆时针转动。用这个方式反复练习多次，并尽量多地尝试使用不同速度画不同大小的圆弧。

练习八：机头朝前的"8"字形飞行

该组练习与之前的飞"8"字形类似，只不过我们要开始用左摇杆在中间改变航向，并且将机头与前进方向始终保持一致（图3.11）。该练习可以有效帮助大家掌握左摇杆的偏航功能。具体步骤不再赘述，相信大家可以在上两个练习的基础上完成这个练习。到这里，我们的确是掌握了不少飞行技能了。不过我还是要提醒大家，一定要反复练习，直到能够流畅地完成这一系列动作。

练习九：圈内着陆

该组练习考察和锻炼的是我们的距离感。当无人机在空中飞行时，我们与无人机的距离及无人机与地面的距离并不容易判断。练习九"圈内着陆"可以训练我们在立体环境下判断距离的能力。首先，拿一个呼啦圈或者用一条绳子围成一个圆圈，放置在远离自己的位置。然后操控无人机飞到圆圈上，并尝试降落到圆圈内部。如果可以，重新起飞，飞回来，再飞进去。当我们可以比较熟练地在圈内降落时，则可以摆放多个圆圈，尝试练习依次在每个圆圈内进行着陆（图3.12）。

取景练习

除了刚才那些飞行练习，我们还需要锻炼飞行中取景的能力，即如何将拍摄主体准确放入画框（用于拍摄图片）以及将画面主体保持在画框中（用于录制视频）。

如果不能操控无人机将想拍摄的内容放入取景范围，那么再平滑顺畅的无人机飞行也毫无意义。

练习十：环绕飞行

该组练习与之前的圆弧形飞行类似。区别在于环绕飞行的圆圈中心放置一个物体，而我们需要围绕着这个中心物体飞行，并且保持相机始终对准它。左右拨动右摇杆实现无人机侧向飞行并控制速度，同时使用左摇杆控制航向。如果我们将拍摄对象始终保持在画框中心，便可围绕着它做一个完整的圆弧飞行（图3.13）。通过微调，让无人机的飞行尽可能保持平稳和流畅。移动得越平稳，我们拍出来的视频就越好看。

练习十一：移动目标拍摄

从该组练习起，我们要开始进行一些相对高难度的飞行。例如尝试操控无人机环绕或追随着某个移动目标（图3.14）。我们可以使用某位朋友的无人机作为移动追随的目标，或者在一个平坦开阔的区域内去跟随一个缓慢移动的物体（但须征得对方同意）。不要尝试操控无人机跟随一个移动的人来练习，如果无人机砸向人，后果将不堪设想。在追随一个移动目标时，要确保无人机与追踪物体之间保持足够的距离，防止因为操作不当发生碰撞。大家务必要明白，跟踪拍摄的目的并不是炫耀自己的无人机可以离移动物体有多近，而是为了将拍摄对象保持在取景范围之内。

练习十二：上升和倾斜

该组练习需要无人机的云台有倾斜功能，当前大多数无人机都有这一功能。练习的目的是将

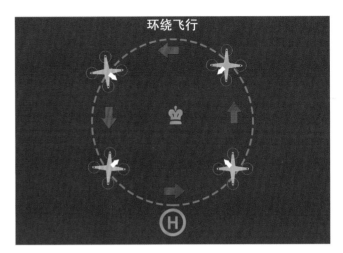

图3.13　环绕飞形

图3.14　移动目标拍摄

图3.15

无人机缓慢升高并同时倾斜云台，使拍摄对象一直处于画框的中心（图3.15）。其要领在于无人机引擎和云台的协调，让上升以及云台的倾斜速度均匀，过程流畅。

　　该组操作并不像说起来那么简单。将视觉主体始终保持在画框中心，需要大量的练习才能实现。此外，这还需要手的协调能力。我通常会将手掌平放在遥控器之上，用拇指放到左摇杆上随时准备轻轻推动；将无名指或食指放置在云台控制杆上。这里我们要学会细微移动手指和平衡操作。如果想要增加挑战，还可以加上右手，操控右摇杆移向或者远离被拍摄对象。该组练习可以增强我们对无人机的掌控，以及对飞行移动的感觉。

成为飞行专家

　　完成了以上所有训练并且可以操作自如、熟练飞行后，我们便成为飞行专家。需要指出的是，只是看看这些练习或是模仿着操作几次是远远不够的。我们需要反复练习，直到这些操控习惯成自然。完成后，我们便可以轻松实现平稳的飞行，并且自信地处理各种航拍难题。最后一点就是，一切都是循序渐进的，欲速则不达。我们也不需要飞得太快——大多数拍摄需要的是缓慢、平稳而流畅的飞行。

高级飞行模式

　　到目前为止，我们所使用的都是普通飞行模式，机头面向的方向就是飞行前进的方向。现在，我们要开始尝试高级飞行模式。目前，大多数无人机都支持高级飞行模式，是为了让无人机的飞行变得更加简单和快捷。需要提醒大家的是，在熟练掌握普通飞行模式下的飞行技巧前不要轻易尝试高级模式。下面，我们来了解几种高级飞行模式。

GPS模式

　　GPS（全球定位系统）模式是最常用的一种模式。在该模式下，无人机使用定位卫星确定位置和保持稳定。正是GPS模块才让小小的无人机轻而易举地实现平稳飞行。首先，要锁定一定数量卫星的定位信号，我们需要至少连接4颗以上的卫星才能得到精确的定位。

GPS定位模块通过分析环境中的风力等干扰因素，与引擎配合产生反作用力，使无人机在空中精准悬停，还能减少无人机飞行时的偏离。如果我们对无人机不加控制，GPS将接手无人机并提供空气制动。如果没有GPS模块，无人机就会出现"桌球"效应，像惯性作用下的桌球一样在空中缓缓停下，而不是按照指令立刻停下。有了GPS模块，无人机可以稳定地在空中悬停，我们可以拍摄照片，也可以在固定机位录制视频。

此外，GPS还能帮助无人机建立返航点，在安全返航启动时，引导无人机自动返航并安全降落。如果无人机和遥控器之间的联络出现故障，如电池故障、设备损坏、遥控器失灵等，无人机便会进入安全返航模式，自动降落在返航点上。所以当发生紧急状况时，一定不要慌张，安全返航功能可以保障无人机的安全。此外，当电池电量变少时，许多无人机也会自动进入安全返航模式，在GPS的指引下降落到既定的返航点。

ATTI姿态模式

ATTI姿态模式使用的是无人机内置的IMU惯性测量单元，所以可以在GPS信号弱时使用。IMU惯性测量单元由用于检测运动的加速度计和用于保持直立的陀螺仪组成。当在室内飞行或在有遮蔽的室外飞行时，我们可以使用ATTI模式，因为这些地方的卫星信号较弱甚至没有。这时不应使用GPS模式，因为无人机很容易被其他信号干扰，导致乱飞甚至坠毁。有些无人机内置视觉定位系统可探测下方距离，在ATTI模式下，配合IMU稳定无人机。

有的飞手喜欢使用ATTI模式飞行，因为在此模式下的飞行更为平滑流畅。GPS模式带来的飞行修正容易导致运动不够顺畅。还有的飞手在追求快速飞行时会切换至ATTI模式。因为该模式下没有卫星信号牵制，所以能够使无人机实现更快的飞行速度。

航向锁定

航向锁定是一个非常有趣的模式。在该模式下，航向将被锁定为一条直线，无论无人机机头朝向哪里。首先，设定好返航点和起始方向。当我们操控无人机往前飞时，无人机便会按照设定的航向保持直线飞行。我们这时可以操控左摇杆，使无人机的机头旋转，但只要一直向前推右摇杆，无人机便一直沿着设定好的直线飞行，无论机头指向的是哪个方向。这种飞行可以用于拍摄飞越镜头，我们按照既定的线路飞向地面的拍摄目标，在飞越时，可以操控左摇杆和云台，让无人机相机一直对准拍摄对象（图3.16）。

图3.16

返航点锁定

在返航点锁定模式下，当我们向自己方向拉右摇杆时，无人机便会向我们飞来，无论机头的朝向和航向。反之，当我们把右摇杆向前推时，无人机就会飞离我们。返航点锁定模式可以实现许多镜头的拍摄。当无人机返回并飞向自己的时候，我们可以旋转相机，这时拍摄的画面就有一种透过飞机舱窗看景色的效果。此外，当我们不知道无人机飞到哪里的时候，可以使用该模式将无人机飞回来。只需将摇杆向自己方向拉，就可以安静地等待无人机螺旋桨转动的声音了。那种感觉就像迎接走失的孩子回家一样（图3.17）。

图3.17

自主飞行，自动飞行

许多新型无人机可实现智能飞行，我们只需要设定好飞行程序，无人机便可自己按照程序飞行。目前，无人机的智能飞行功能首推3DR的智能拍摄功能及大疆的智能飞行功能。在智能飞行模式中，我们可以为无人机设定好航线和速度。因为是机器智能操作，所以操控会比人工的更为连贯平滑；而且我们可以在程序设定的航线中随时做出改变。下面我会列举目前较为常见的智能飞行程序，相信在不久的将来会有更多的模式开发出来。

最新的大疆精灵4和Yuneec Typhoon无人机装有前视障碍物感知系统，它们能够帮助无人机躲避前方障碍物。当感知到航线上有障碍物时，系统会让无人机或悬停，或飞跃，或绕开障碍物，实现自动避障。总之，该功能可以提高无人机飞行的安全性。相信在不久的将来，越来越多的无人机都会安装这种前置感知系统，或者有更好的避障技术会被研发出来。

此外，前置感知系统还可以用来识别前方目标。无人机可利用它对前方移动的目标进行探测和追踪，实现跟随拍摄。相信一些喜欢拍摄体育运动的航拍迷会发现这个功能的巨大价值。

兴趣点环绕模式

兴趣点环绕（适用于大疆、3DR品牌无人机）类似我们之前所做的环绕飞行。我们找到一个拍摄的兴趣点，设定好环绕的半径、无人机的高度、飞行的速度及环绕方向。飞行时，相机将始终对着我们设定的兴趣点。但我建议大家还是像练习十那样手动操控无人机环绕兴趣点，特别是当兴趣点为移动的物体。

自拍模式

自拍模式（适用于3DR品牌无人机）下，无人机会自动飞离我们，其间相机依然会对准并将我们置于画框中心。使用自拍模式，我们可以拍摄出很好的定场镜头。比如相机从拍摄一个人开始，然后远离这个人，视野变大，交代出人物所在的环境。此外，我们还可以倒放视频，就变成相机从远处缓缓向人飞来。

自定航线模式

在自定航线模式中，我们首先手动操控无人机飞行，并标定记录不同的点，为无人机设定航线。随后无人机便可沿着刚才的航线，经过所有设定的点飞行。我们则可以专注于拍摄，在每轮飞行中改变相机的角度。

跟随主体模式

顾名思义，无人机将自动跟随操控主体。该模式很适合拍摄体育运动和实现追随拍摄。实际上，无人机不是跟随主体本人，除非我们使用的是大疆的智能追踪模式，并将目标追踪点设定到了人身上。在跟随主体模式中，无人机跟随的其实是遥控器或有遥控功能的移动设备。

起飞和降落

无人机要升空，所以就需要起飞；要回收，所以就需要降落。下面我要介绍三种起飞降落的方式。

自动起降

目前，大多数无人机及其遥控器都支持自动起飞功能，无人机将会首先升入一个预先确定好的高度，并且悬停，等候下一步指令；同样也有自动降落功能，我们操控无人机飞回至降落点上方，机器会自动降落并关闭引擎。自动起降可以有效降低倾翻等事故，很适合初学者使用。

手动起降

我们也可以手动操作起降无人机。起飞时，开启引擎，缓慢前推左摇杆；降落时，往回拉左摇杆。注意对于大疆Inspire1，我们要确定无人机进入降落模式，机脚下放并低于相机。在降落过程中我们会感受到地面的反作用力。当无人机接近地面时，螺旋桨产生的向下风力被地面反弹，风力会再次将无人机往上推。此时，我们可以减缓操作，谨慎操控左摇杆将无人机落下，并关闭引擎。对于大疆的精灵系列无人机，我们需要一直向自己方向按下左摇杆，直到螺旋桨停止旋转。这一方法可以避免无人机倾翻。倾翻现象经常发生在无人机即将着陆时，因为无人机的引擎在关闭之前会稍微加快一下旋转的速度，如果这时我们过早地将两根摇杆归位至中间位置，无人机很可能在落地前弹起并发生倾翻。

手持起降

图3.18 在宽阔、平坦、空旷的地方进行手动起降

需要提醒大家的是，手持起降是一种高级操作，不建议初学者使用。如果我们想要进行这一操作，要自己承担风险。在手持遥控器起降时，一定要极其谨慎，因为这一操作非常危险。只有在无法找到开阔平坦的起飞和降落地点的特殊情况下，我们才使用手持起降，如湿滑的岩石、山顶、沙滩、移动的船只等地点。

我一般只会在沙滩和船只上采用手持起降的方法，而且我只在使用精灵系列无人机时才会用手抓无人机，像大疆"悟"系列这样的大物件，我们一定不要尝试这么做。首先，请紧紧抓住无人机一侧的起落架，并将整个无人机举过头顶。这时请注意自己的手指是否远离螺旋桨。待确保安全后，启动引擎，

抓住无人机向上移动。当我们感受到无人机想从我们的手中向上"挣脱"时，松开紧握的手，无人机就在手中起飞了。相比手持起飞，我做的更多是手持降落，因为手持起飞相对更危险、困难，而寻找一块足够大的区域用于起飞相对容易，如无人机的GPC硬壳箱就是一个很好的起飞平台。如果我们有助手或伙伴，也可以让他们用双手抓持无人机的两个机脚，然后我们操控起飞。

图3.19 当无法寻找到一块开阔、平坦、空旷的降落地点时，可使用手抓降落

手抓降落相比起飞要简单一点。首先，操作时要确保周围没有其他的人。然后将无人机飞到我们面前几米处并悬停，高度只需稍稍超过我们的眼睛即可。当无人机完全稳定下来时，我们可以将左手留在遥控器上操控左摇杆。随后稍微蹲下一点，然后伸出右手臂缓缓地向前去抓住无人机的一侧机脚。这时，一定要小心并远离螺旋桨。当我们抓住无人机的机脚时，左手向自身方向拉左摇杆，等待螺旋桨完全停止旋转后，再将无人机拿到身边。在几次练习之后，我们便可以掌握手抓降落操作，但一定不要过于自信而莽撞操作。我仅仅在大疆的精灵系列无人机上做过手持起降，所以暂时无法保证这一操作适用于其他类型的无人机。最后还需要提醒大家，在大风天气下，无人机被风刮得四处飞行时，一定不要尝试手抓降落，也不要在这种天气下起飞。还是那句话，再好的航拍镜头也不值得用生命财产安全冒险。

起降模式的选择

有些人曾就起飞降落的方式展开激烈争辩。到底是应该降落到地面，还是采用手抓降落？这要看我们所处的具体环境。如果我们处于一块开阔平坦的水泥地上，便没有理由不使用正常的起降方式。如果在沙滩，我们担心沙子进入发动机；或在沙滩的陡峭的岩石上，可以选择手抓降落。但这只针对大疆的精灵系列无人机以及有经验的飞手。请大家一定要记住，控制无人机飞行是为了航拍，而不是为了炫耀技术。很多人就是因为去炫技而受的伤。

在这一章，我们学习了无人机的飞行。但无人机的飞行学无止境，我们还要继续练习和提高。相信现在大家可以相当自信地操控无人机了。下面，我们将开始学习如何使用无人机拍摄绝美的视频和图片。

拍摄地点：美国加利福尼亚拉古纳主海滩（Laguna Beach）
拍摄时间：2016年1月
拍摄器材：大疆禅思X5相机配大疆15mm镜头
拍摄说明：黎明时分，太阳即将升起，在拉古纳海滩一旅馆拍摄。80
　　　　　张照片合成的HDR全景图。在Lightroom CC合成HDR和全
　　　　　景图，后在Photoshop CC继续处理。

第四章

使用无人机拍摄照片

　　无人机在空中某一点悬停，机载相机可以稳定地拍摄，可谓是会飞的三脚架。如今，无人机技术迅猛发展，无人机已然成为空中稳定可靠的拍摄平台。据我观察，许多刚尝试航拍的朋友特别喜欢操控无人机使劲往高处飞。这无可厚非，并且十分正常。刚开始尝试航拍时，那种高度带来的刺激感觉，从监视器看到的飞行视角带来的视觉冲击，以及与无人机一起翱翔的虚拟体验着实令人产生对高度的追求。

但高度不是一切。我发现，那些拍摄高度超过400英尺（约122米）的图片往往容易被处理成后期过度的HDR图片。一开始，那种夸张的效果的确可以带来视觉冲击力，但新鲜劲很快就会过去。之后我们就会发现这种高空拍摄的过度处理的图片有多难看。我也经历了这个过程。在拍摄了许多照片后，我领悟到，常规摄影的法则同样适用于航拍摄影。比如，当光线不理想的时候，我们很少会使用单反去拍摄风景图片，那么我们又有什么理由在这时使用无人机航拍呢？

一些摄影的传统法则历久弥新，一些新的规律则随着技术的变革与时俱进。我们使用无人机航拍，实际上还是通过一系列操控改变相机取景的内容，所有摄影皆是如此。与地面拍摄面对的二维空间不同，航拍需要考虑第三个维度——高度。其实高度我们并不陌生，相信大家都曾感受过在梯子上拍摄或是躺下拍摄的视角区别以及视觉效果。想想看，我们可以在400英尺（约122米）的高空拍摄，那种视角和视觉效果又会是什么样。

相信在航拍实践中，我们会越来越发觉到普通摄影规则的价值。有的摄影法则会提升我们航拍摄影的质量，有的则需要我们变通使用，有的则不适用于航拍。新兴的无人机航拍摄影提出了许多值得研究的课题，目前相关的摄影理论存在空白。本章，我将谈谈自己对航拍的理解和经验。希望这些创新理论能够帮助我们共同进步。

摄影的基本法则

考虑到许多操控无人机的飞手并没有太多摄影方面的基础，所以我想在这一节首先介绍摄影的几个基本法则，以及它们在航拍中的应用。

三分法（九宫格）构图

大多数情况下，把拍摄主体放画面中心位置会让图片缺乏生机和趣味，因为我们感受不到主体的动态以及图片的张力。但也有例外，如图4.1所示，当我们拍摄对称效果的图片时，就需要把主体放到中心。

这里向大家介绍三分法构图，该种方法在摄影术发明前就已出现，早在帆布上作画的时代就成为绘画构图法则。构图的具体方法是，将场景用两条竖线和两条横线平均分割，形成一个"井"字九宫格，这样就把图片分成了九块。把图片的主体或者是兴趣中心放到横竖线的交点，这样构图下的图片看起来更为舒适。特别是当摄影主体指向画面的中心位置，如图4.3所示，读者的视觉注意力就会被吸引，并在构图的引导下完成图片的整体阅读。

图4.1

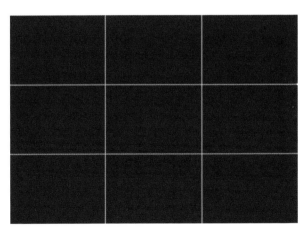

图4.2 三分法的原则

图4.3 九宫格划分图片

三分法（九宫格）构图在航拍中的运用

在许多航拍摄影的应用程序中，我们可以设定在监视器上显示九宫格辅助线，帮助我们构图。这些网格线用处很多，比如查看水平线是否水平。在具体操作中，我们可以使用三分法规则来"分割"天空和海洋，或者其他元素。一般情况下，不要把地平线放到图片中间。我们可以把地平线放到占据图片2/3处；如果天空的内容较为丰富，可以尝试把天空占据图片的2/3，如图4.4所示。

目前，航拍相机和云台只支持水平方向拍摄横片，如果我们要拍摄竖片，要么通过后期裁剪，如图4.5所示；要么就把横片纵向合成全景图，如图4.6所示。

图4.4 天空占据图片的
2/3案例

图4.5 从横片裁
剪出来的竖片

图4.6 横片纵向合
成的全景图

改变视角，改变照片

　　很多人看到些有趣的事物，就停下脚步拍照。他们停留在最初看到景象的位置，拍到一张看起来还不错的照片。但要想得到更好的影像，我们需要多尝试不同的角度，可以围着被拍摄物体转一转，从不同角度观察并记录拍摄物体的形象。我们会注意到，在变换位置时，拍摄主体与背景之间的关系发生着变化，光线、对比度也随之变化。摄影不允许偷懒，多投入精力尝试不同角度，一定能找到好的构图。

图4.7　观察拍摄高度如何影响建筑物与后面群山的位置呈现

视角变化在航拍中的应用

对于航拍，视角变化对图片带来的改变是巨大的。与地面摄影不同，航拍可以水平360°、垂直180°改变视角。在航拍时，我们可以首先围绕着画面主体飞一圈，找到最佳拍摄的角度，然后选择合适的高度。例如拍摄日落，我可以通过飞高或飞低，选择最能够展现太阳轮廓的高度。此外，通过改变高度，我们可以改变背景与主体之间的位置关系，以增强主体和背景的对比。

视角对于拍摄水面尤为重要。我们可以精心选择飞行高度，拍摄到水面或者玻璃中的倒影。简单介绍一下反射定律：倒影经过水面或玻璃平面的反射，反方向射出。如图4.8所示，入射光L射向反射平面，形成反射。假设在反射平面上画一条垂直线，即法线N。法线N与其两侧入射光

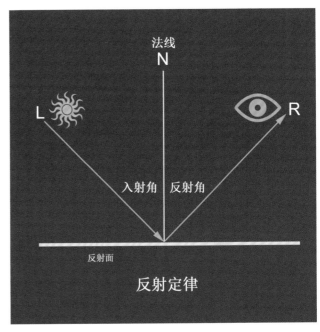

图4.8　反射定律

线L和反射光线R形成的两个夹角，即入射角和反射角，是相等的。我们可以想象台球碰到桌壁反弹的样子来加深理解。了解反射定律后，我们就知道如何在航拍中，通过调整高度，或捕捉或规避倒影。

图4.9a　在拍摄日落时降低无人机飞行高度，可以最大程度地捕捉到夕阳的反射光线

图4.9b

尝试飞得更低

人们在操控无人机航拍时，总会想着飞得越高越好。但当人们在直升飞机上航拍时，会盼着能飞得更低。

在400英尺（约122米）的高空航拍是件诱人的事。有时候，在这样的高度拍摄是最佳选择。然而，我在仔细梳理了自己的飞行记录后发现，大部分拍摄都是在100英尺（约30米）以下的高度进行的，很少有高于150英尺（约46米）的记录。好的拍摄角度大多在低空。比如有时我会在距离水面近几米的高度，沿着水面低飞，找到许多绝佳的拍摄角度。但一定注意安全，我不建议没有经验的飞手尝试这种拍摄方法。即使是经验丰富的飞手，也要谨慎操作，毕竟无人机不会在水中"游泳"。

图4.10 低空飞行拍摄画面

图4.11 低空飞行拍摄画面

在取景中突出拍摄主体

在取景时，让拍摄主体占据更多画面可以有效减少视觉上的混乱，使照片的主题更加明确。通常情况下，为了突出主体，摄影师或选择焦段较长的镜头，或使用变焦镜头拉近，或离拍摄对象更近，当然也可以后期对照片进行裁剪。若是使用定焦镜头（无人机大多使用定焦镜头），只能通过位移改变焦距。

当我们靠近拍摄对象时，图片的氛围会发生改变：远观变为近看，读者从极目远眺变得如临其境，于是更能产生情感上的接近和共鸣。并不是所有拍摄都要这种近距离的取景。比如全景图，那种宏观的视角正是其吸引人的地方。如果说大气的全景图可比作扩音器，那么细腻的特写就是耳边的细语，各有各的魅力所在。

图4.12 近距离拍摄的画面

图4.13 使用45mm镜头拍摄的画面

突出主体构图在航拍中的应用

大多数无人机机载镜头是广角的定焦头，无法实现变焦，焦段也不够长。所以，使用无人机实现主体的突出，只能降低飞行高度离拍摄主体更近一些。如果现场条件允许，我们可以站在拍摄主体不远处操控无人机。这样做的原因是为了更好感知无人机与被摄物体的距离，因为在近距离时我们对高度和距离的感知更好，超过30英尺（约9米）后，人们的距离感就会大幅减弱。我们也可以使用第一人称视角监视器。但如果需要飞到离被摄物体很近的位置，则需要一名观察员帮助我们观察无人机的位置。在操控无人机靠近人们拍摄时，一定要注意安全，一定不要离人太近。还是那句话，再好的镜头也不值得去冒险伤害他人。

如果无人机允许更换镜头，我们也可以尝试使用焦段长一点的镜头。比如我使用大疆"悟"1无人机机搭载禅思Zenmuse X5相机，来拍摄摩托车比赛等这样需要"近观"的内容。我们也可以为相机更换焦距为45mm的镜头，该镜头在使用传感器为半幅的相机上的等效焦距为90mm，足够在相对安全的距离实现特写类镜头的拍摄。

长焦镜头会带来取景上的挑战，保持拍摄主体始终在取景框中并不容易，特别是根据第一人称视角监视器显示的画面来操控挂长焦镜头相机的时候。相信大家都有使用望远镜的经历，用高倍望远镜在天空中迅速找到某样东西并不是一件容易的事情。在使用长焦镜头航拍时，我通常是先飞高一点，锁定拍摄对象后再缓缓接近，进入拍摄状态。此外，每次更换相机镜头后，我都会重新校准云台，提高操控的准确性和拍摄的稳定性。

前景的使用与兴趣点的设置

在摄影构图过程中，我们可以变换角度，有意地为画面增加前景。前景的加入可以提升影像的可读性、趣味性和纵深感。通常，人们在观看影像时，会首先被近处的前景吸引，然后视觉注意力转移到后面的中景或远景，如图4.14所示。所以，如果缺少了前景元素，一张

图4.14 带有前景图片案例

远距离拍摄的照片也就会失去视觉重心，人们在看图时不知从哪里开始。

在设置前景时，我们要注意增添的是趣味而不是视觉干扰。构图中设置前景的目的是引起读者关注，而不是分散读者的注意力。前景可以是一些交代图片环境的元素，或是与主体形成反差，进而凸显主体的色彩。总之，好的前景能够交代拍摄环境并引人入胜。

如何在航拍中设置前景

由于无人机使用的大多是小相机和广角镜头，所以航拍一般只能拍摄远距离的宏观景象。但是相比于地面拍摄，航拍的自由度较高。所以在构图中添加前景对于航拍并不是难事。比如在海边拍摄日落，我会寻找海浪拍打礁石或者其他可以体现场景特色的内容作为前景。

在拍摄了成千上万日出日落类的照片后，我发现那些有着前景的图片往往构图更加合理，视觉效果更佳。如果我们找不到合适的前景，可以试着往后飞一点，一棵树木、一片海岸，总能找到合适的景物作为前景。实在不行，我们还可以试着飞低一点，来寻找并设置前景。

在航拍构图时，群山、落日、大海这样的远处的背景较容易掌控。所以我们可以把注意力放到如何处理前景和背景的关系上。在这一点上，航拍要比地面拍摄的优势大得多。举个拍摄日出日落的例子：在常规摄影中，碰到合适的角度和光线需要运气和等待；但在航拍中，我们可以通过改变无人机高度，选取自己需要的角度。比如通过调整无人机高度，我可以设置画面中景物的相对位置，让阳光穿过前景的物体，如图4.15所示。

图4.15　阳光照射在小岛上

构图中的视觉引导线

在摄影构图中，有些物体可以自然而然地引导读者的眼球完成影像的阅读，我们称之为视觉引导线。它们可以是自然中存在的线条，如河流、海岸线、石头缝、树木等；也可以是人造的，如道路、铁轨、电线、路径、农田、建筑等。总之，我们可以巧妙在构图中使用它们，引导读者的视线转移到影像的视觉主体。

在摄影时，我们要主动寻找并利用视觉引导线为影像带来不同风格。笔直的引导线充满力量，能够迅速吸引并引领人们的视线；而弯曲的引导线则以一种更为轻松且带有节奏的方式引导着人们视觉。

视觉引导线在航拍中的应用

在航拍摄影中，我们有机会看到一些在地面上无法察觉的视觉引导线。如果找到合适的引导线，我们便可以自由地操控无人机，利用它们实现构图。此外，航拍俯视角度下的树木、电线杆、烟囱等形成的线条也可以被当作视觉引导线，在构图中利用。而这种效果在地面是永远实现不了的。

图4.16　视觉引导线案例（一）

图4.17　视觉引导线案例（二）

图4.18　视觉引导线案例（三）

图片背景的控制

除了前景，背景也值得我们关注。图片的背景要干净、简洁，不能对图片的主体产生视觉干扰。我们一定都见过这样的图片：背景上的树木恰好"长在"拍摄对象的头上。在构图时，我们要极力避免这种背景干扰主体的情况，要变换角度，让背景中的线条更好地与主体形成反差以突出主体。同样，如果图片的前景颜色明亮，那就需要找一个稍微暗一点的背景，以产生对比突出主体。在处理背景问题上，常规摄影还可以通过控制景深，实现背景与主体的区别。我们可以根据实际情况，使用较浅的景深，实现背景的模糊虚化，突出视觉主体。

航拍中的背景处理

囿于器材所限，无人机摄影不大可能通过控制景深实现背景的虚化。我们可以尝试使用禅思X5或者挂单反相机来略微让背景虚化。但这需要无人机离拍摄主体非常近才可能。不过我们可以另辟蹊径，尝试借助雾气、尘埃或者逆光来实现背景和主体的分离，进而产生图片的纵深感。

有人说，背景的处理是航拍的短板，无人机摄影很难将主体从背景中突显出来。在我看来，在背景问题上，航拍反而还比地面常规摄影具有更大优势。这里需要大家转换思考方式，不要只想着大光圈虚化背景。

航拍可以通过改变高度改变图片前景和背景的比例，甚至可以把中景压缩到背景之中。而这一点在地面上几乎无法实现。在地面，我们虽然可以爬到树上、登到山顶或站在楼顶来改变构图，但这总是有限制的。而航拍则可以在安全前提下随心所欲地改变视角和构图。

所以说，航拍在构图上的最大优势在于可控的拍摄高度。我们一定要在航拍中灵活运用这一点。例如，我要拍摄一个海湾，如图4.19所示。在构图时，我会操控无人机飞到最合适的高度，即画面中海岸线的轮廓毕现并且近处的小山与远处的群山交汇产生鲜明对比。如果场景中的山上有树木，可以通过控制飞行高度，将树木从山上凸显出来，或放置在背景中形成对比。

在航拍摄影构图中，我会下功夫寻找无人机的最佳高度。如图4.20所示，图中一排排的棕榈树恰好出现于地平线附近，将背景与中景分开。所以当我们构图时，一定要考虑前景、中景与背景的关系，如果视觉效果不佳就不要按下快门。改变飞行高度，尝试其他角度。对于相对自由的航拍，因为角度而产生问题构图是决不允许的。

我们再看一个构图案例。在图4.21中，主体建筑看起来还不错，但后面的街道等"干

图4.19 美国加利福尼亚州新月城拉古纳海滩（Laguna Crescent Beach）

图4.20 控制飞行高度，让棕榈树位于地平线上方

图4.21　较差的构图　　　　　　　　　　　　　　　　图4.22　通过降低飞行高度改善构图

扰"太多，而且我们在这样的取景中看不到天空。若稍微飞低一点，如图4.22，效果就好多了。天空和日落都显现出来，街道等视觉干扰减少并与背景的小山形成很好的反差。

总之，航拍的构图出了问题，症结往往在于飞得太高。

拍摄光线的选择

摄影是一门捕捉光线的艺术，所以选择在一天中的正确时段拍摄至关重要。在户外拍摄的时候，太阳是光源。晴好天气正午时分的光线十分刺眼，物体的影子很硬，景物因为缺少影子的衬托而缺乏立体感和清晰的轮廓。此外，正午时间强烈的直射光还易产生眩光。所以，许多摄影师会尽量避免在这种不理想的光线下进行户外摄影。如果是阴天多云天气，云彩就如同柔光罩一样，将阳光散射。这样天气下的光线较为柔和，不易产生阴影，很适合拍摄细节以及自然的颜色。

散射光在航拍摄影的应用

当光线较为柔和时，垂直向下航拍地图般的图片再合适不过了。柔和的光线可以很好地体现地面的细节，带来清晰的影像。

摄影的黄金时段

下面介绍日出和日落时分的光线，这是摄影的黄金时段，是我在航拍摄影中最为喜欢的。日出日落时，太阳在天空中的位置较低，阳光经过云彩或污染物的折射散射变成金黄色柔和的光线。在这一时段，物体的影子一般会很长，从高处看会很有趣。黄金时刻一般持续一个小时，即在日落之前的一个小时或日出之后的一个小时。

航拍摄影的黄金时刻

因为住处离海边很近，所以我几乎每天都拍摄日落。在日落前几小时，我会查看窗外天气情况，如果天气合适，就会带上装备去海边拍摄。对于拍摄日出日落，什么是合适的天气？我认为是那种既不很晴也不很阴而且风不大的天气。反之如果天气很阴，天空覆盖一片阴云，那么阳光很可能无法穿透；如果万里无云，天空又会显得单调。有时，海面会形成海洋云雾层，十分适合拍摄日落日出，如图4.23所示。天空中的云彩还可以在太阳落山后继续反射阳光，在天边形成美丽的晚霞。所以不要急着在日落后就离开。令我感到可惜的是，经常碰到一些摄影师在太阳落山后就匆匆收拾装备走人，错过了之后的黄昏晚霞。

图片中反差的控制是拍摄日落日出的一大挑战。禅思X5相机的动态范围相对较大，但宽容度还是不足以既消除高光溢出现象又能捕捉到阴影处的细节。所以我通过拍摄HDR图片来实现天空高光的正确曝光，兼顾前景阴影部分的细节。（HDR图片拍摄详情请参看本书第七章）

图4.23　透过海洋云雾层的晚霞

上文介绍了一些摄影构图的规则以及其在航拍中的应用。相信大家在这些规则的指导下，摄影水平会有显著提高。当我们熟悉这些构图规则后，不能墨守陈规，要学会活学活用，懂得在拍摄中创新。在日常的航拍中，我们肯定会遇到需要打破陈规的时候。比如，大家都知道拍照的时候要尽量顺光拍摄，让光线照亮拍摄物体。但有时在拍摄日落时，我会使用逆光拍摄将太阳取入画面。面对五花八门的构图法则，我们要首先掌握它们，懂得它们使用的意义，这样才能在必要的时候打破规则。否则一味地去打破构图法则只会让自己的影像更加难看。总之，摄影是灵活的，不是机械的。构图规则是死的，取景的人是活的。我们要首先掌握规则，运用好规则，并在此基础上活学活用，随时根据实际情况和拍摄需要，打破规则。

图4.24　日落摄影（一）

图4.25　日落摄影（二）

图4.26　日落摄影（三）

图4.27　日出摄影（一）

图4.28 日出摄影（二）

图4.29 日出摄影（三）

特殊拍摄方式

　　上文介绍的是一些常规拍摄方式，下面我们一起了解一些特殊拍摄方式。首先介绍的是拼接图片。该种图片仍以单张呈现，但需由多张图片组成。拍摄时需下更多功夫，但合成出来的图片绝对精彩。

拼接全景图

　　全景图由多张图片拼接"缝合"而成，用于拍摄那些无法被镜头囊括的大场景。拼接而成的全景图还可保留更多细节，满足大尺寸印刷。在拍摄风景时，我们可以利用无人机获得壮美的全景图。

图4.30　拼接合成的全景图（一）

图4.31　拼接合成的全景图（二）

图4.32　拼接合成的全景图（三）

图4.33　拼接合成的全景图（四）

　　拍摄全景图的要点是以镜头节点为轴，旋转相机获得多张图片。围绕镜头节点旋转不会产生视差。何谓视差？我们可以试着拿一样东西或伸出手指在自己面前，用一只眼观看，随后再用另一只眼观看，会发现两次观看后面的背景相对于物体或手指发生位移。这便是视差——人类感知深度和距离的关键。倘若我们把物体离自己远一些，重复刚才的动作，会发现两次的位移变小。由此可见，视差随着距离的增加而减小，在差不多30英尺（约9.1米）时就会基本消失。相比在地面使用三脚架拍摄，无人机距离拍摄物体较远；因此在拍摄全景图时，视差不是大问题。

另一个拍摄全景图的要点是取景时保持图片之间30%左右的重叠。无人机上悬挂一些广角镜头，特别是有些鱼眼效果的镜头，在旋转拍摄时，不同图片中同一内容会发生位移。因此，需要增加每张图片的重叠部分，确保合成的成功率。例如在使用大疆精灵系列（Phantoms）这样无人机航拍时，我会选择让每张图重叠50%~70%。你可能认为这有些夸张，但如此大的重叠可以让我有更多选择的余地，减少图片拼接时的重复、错位和畸变。需要注意的是，大疆精灵 3和4搭载的相机拥有94°的大视角，所以在旋转时，每张图片的视角变化很大。

对于那些悬挂焦段稍长镜头的无人机，之前使用广角镜头时那样的高比例重叠就没有必要了。如大疆"悟" 1 Pro（Inspire 1 Pro）上挂的禅思Zenmuse X5相机为M3/4画幅，加上所挂镜头焦段较长，在接片时，我一般会使用50%的重叠。

在使用无人机拍摄拼接全景图片时，我会算出要拍摄的"矩形"画框，即拼接之后的全景有多宽、多高。选择在多高多远的位置去拍摄是关键，面对相同的拍摄内容，在2000英尺（约609米）开外，我可能只需用3张照片就可以囊括全景；而离近一点，则可能需要6张照片。离远离近并不一样，拍摄点较近的拼接照片会有一些畸变和扭曲，远一点的会自然一些，但失去了不少细节。我们将在具体操作中领会其中的区别。

在拍摄全景图片时，一定要确保相机与地平线平行。不然会出现波浪般的地平线或不平整的拼接。如果无人机水平出现问题，可将机器放置到远离磁场干扰的水准面，使用应用进行水平校准。您还可以使用大疆App应用或其他应用来抵消相机倾斜，以达到水平。若是相机本身

图4.34　拼接重叠图示

图4.35　不同曝光级的全景图

曝光正常

曝光不足

曝光过度

的平衡问题而产生无人机倾斜，我们可以用一枚硬币粘贴在相机一边，巧妙解决水平问题。

包围曝光：高动态范围摄影

我们看到风景很美，但拍出来的效果却不如看到的，这是常有的事。比如海边美丽的日落，拍出来可能是一片白，下面的沙滩可能是一片黑。之所以会出现这种情况，是因为人眼与相机的动态范围（观察明暗差别能力）不同。人眼可看到的动态范围较大，也可以迅速地在亮和暗之间调整。所以即使在强光或阴影中，我们仍可以用肉眼观赏到景物的细节。然而，相机的成像系统无法像人眼一样捕捉那么多细节。在一些高反差场景，如日落或夜景，当我们根据高光部分曝光，暗部则可能是一片漆黑；若根据暗部曝光，高光部分则可能是一片白色且毫无细节。这正是相机动态范围局限的体现。

特别是在航拍中，一些体积较小的相机可以记录的动态范围要比那些体积大的相机小一些。虽然使用RAW格式拍摄可以捕捉相对更宽的动态范围，足以应付阴天这样的低反差的场景，但即使是最先进的相机也无法在一次拍摄中同时捕捉到明亮天空和阴影中大地的细节。

解决办法是拍摄高动态范围（HDR,high dynamic range）图片。拍摄方法是面对相同场景，使用不同曝光拍摄多张图片，记录场景中的所有的可见光；然后后期将照片合成为HDR图片，保留了阴影部分和高光部分的细节。

有些相机支持自动HDR，但我喜欢自己手动。这并不是说不可以使用自动HDR。我相信自动的效果会越来越好，也许有一天我自己也会使用。手动的办法是在拍摄一个场景时，调节相机使用不同曝光拍摄多张图片，然后在Lightroom或Photoshop等软件中合成。合成部分将在本书第七章介绍。这里重点讲解如何拍摄HDR拼接使用的图片。

一般情况下，我会拍摄3~5张彼此曝光量值相差2档的图片。我们用光圈大小（F–Stop）和曝光值（EV）来衡量曝光强弱，比如说我们要加大一档光圈或曝光值，这就意味着有两倍的光线进入相机供传感器捕捉；同理，减一档曝光，就减一倍的光线进入。控制进光量主要有四种方法：

- 改变ISO，即感光度。
- 改变快门速度，即控制曝光时间来调节光线进入多少。
- 改变光圈大小，即控制镜头的孔径来调节光线进入多少。不过，许多航拍器带的相机镜头光圈恒定不可调节。
- 使用ND中灰滤镜减少光线进入。

在航拍拍摄HDR图片时，我一般通过调节快门形成不同曝光值。不过，大多数相机现在具有自动包围曝光（AEB）功能，所以我们无需在不同照片之间手动调节快门速度。在写这本书时，所有大疆无人机自带的相机都可通过大疆App应用实现自动包围曝光（图4.36）。

但在我撰写这本书时，大疆App应用目前还无法设置几张照片之间的曝光差，默认的差值为7/10档（据我观察，实际差值大致介于1/3档至7/10档）。因为曝光差不大，所以最好拍摄5张图，以获得更大范围的曝光。或许将来，我们可以将包围曝光差值设置为2档，只需拍摄3张就合成HDR图片。

图4.36

图4.37a HDR效果图例（一）

图4.37b　HDR效果图例（二）

设置好自动包围曝光后，正常拍摄。通常，我们会发现相机自行拍摄了多张图片。自动包围曝光多用于高反差的场景，无须在所有拍摄都使用。

HDR全景图

许多人在社交网络上咨询我如何拍摄HDR全景图。我曾经发过一张使用115张照片合成的图片HDR全景图片。为什么用115张这么多照片去合成？如何拍摄？

HDR全景图对我来说并不是新鲜事物。几年前，我曾使用全景云台和单反相机拍摄出360°全景图片，图片可以用Maya三维建模软件编辑制成球形画面。无人机摄制HDR全景图没有那么复杂，但在操作上会比地面拍摄更具挑战，尤其是在精确性上，天上的无人机总归不如地面稳定精准的云台。

前文提到，包围曝光可以捕捉到在高光和阴影部分的更多细节，特别是日出日落这一高反差场景。受制于目前大疆（DJI）无人机包围曝光的设置问题，我一般用5张图片合成一张HDR图片，以捕捉更多细节。对于那幅115张照片构成的HDR全景图片，我们可以计算得知它由23张HDR图片拼成（115÷5=23）。当时我计划用上中下三层，每层8张共24张图来拼接那张全景图，但有一组效果不好，没有成功。这不要紧，如果有足够的重叠部分，其中几张图片出现问题也无大碍，只要把想拍的区域拼好即可。记得Photoshop刚开发出自动拼接功能时，我们就尝试随手将几张照片"塞进"软件，看看能拼出什么样的图片。所以说拼接全景图片的素材照片数量是自由的，不需要非得为偶数。

拍摄HDR全景图步骤：

1. 将机载相机曝光设置为自动包围曝光。
2. 计划拍摄范围。
3. 旋转无人机确定拍摄横向幅度。
4. 调整相机向上并旋转无人机，确保拍摄景物处在画框中。
5. 调整相机向下并旋转无人机，确保拍摄景物处在画框中。
6. 开始从底排拍起，从右向左拍摄每一幅HDR图片。我之所以这样拍摄是因为太阳太亮，这样拍可以将太阳作为最后一幅，不至于影响曝光设置干扰其他照片拍摄，或使用曝光锁定拍摄太阳等过亮的画面。
7. 调整相机拍摄中间一排画面。
8. 调整相机拍摄最后一排画面。

注意：

- 每次拍摄之间间隔几秒，等待无人机稳定后再进行下一组拍摄，否则会造成图片抖动模糊。
- 镜头旋转自上而下，呈蛇形运动。
- 使用应用上的覆盖网格线功能，协助画面对齐，确定相机下一步运动范围。

如果拍摄效果不佳，不要灰心。拍摄这种HDR全景图片需要耐心和多尝试。我习惯使用Lightroom软件合成HDR全景图

图 4.38　覆盖网格线

图 4.39　HDR全景图片成品（一）

图4.40　HDR全景图片成品（二）

图4.41　HDR全景图片成品（三）

图4.42 HDR全景图片成品（四）

图4.43 HDR全景图片成品（五）

片，该软件处理速度快，可以预览拼接后的效果，查看拍摄是否成功。我们也可以使用Photoshop软件或图片合成软件，如PT GUI。

连拍捕捉动作

另一种实用的拍摄方式是连拍，它能够在短时间内连续拍摄多张照片。在大疆App应用中，我们可以设置实现三张、五张甚至七张连拍。按下快门时，相机会自动迅速拍摄多张照片，并将数据先存放到相机的高速缓存，随后写入存储卡。在完成处理后，我们便可以继续拍摄。

连拍拍摄的优点在于可以精确拍下我们想要的瞬间。它适合拍摄动作场面，拍下难以捕捉的动态瞬间，比如体育赛事、野生动物等。在连拍模式下，按下快门就相当于用一组图片"记录"下一段时间，我们然后在其中找到自己想要的照片。连拍还可用于拍摄动作的蒙太奇镜头，比如拍摄滑板运动。

鸟瞰图

鸟瞰图是从高处垂直向下拍摄的图片，是航拍的特长。关于鸟瞰视角，无需多言。这种经典的角度为人们带来全新的观察物体的视角。在航拍时，我们要注意找寻一些人们熟知的景物，但使用鸟瞰特殊角度拍摄呈现，为人们带来全新的视觉体验。相信这样的拍摄一定会十分吸引人。

图 4.44　鸟瞰图示例（一）

图 4.45 鸟瞰图示例（二）

图 4.46 鸟瞰图示例（三）

图 4.47　鸟瞰图示例（四）

图 4.48　鸟瞰图示例（五）

图 4.49　鸟瞰图示例（六）

拍摄地点：美国加利福尼亚拉古纳主海滩（Laguna Beach）
拍摄时间：2016年1月
拍摄器材：大疆禅思X5相机配大疆15mm镜头
拍摄说明：黎明时分，太阳即将升起，乌礁的景象。HDR全景图。在Lightroom
　　　　　CC合成HDR和全景图，后在Photoshsp CC继续处理。

第五章

使用无人机拍摄视频

无人机可以拍摄到精彩的视频影像，为各种影片添彩。几年前，要实现航拍必须租用直升机，使用特殊器材稳定相机。现在一台无人机就能搞定，而且可以比直升机飞得更低，可以更灵活地穿过障碍物。无人机的另一个优势是，不会像直升机那样产生向下的大风，从而不会对下面的拍摄物造成影响。

现在，不少视频全程使用航拍拍摄。例如，在一些大手笔的电影或电视剧中，我们经常会看到航拍拍摄的开篇定场镜头，引导着观众来到故事发生的地方。无人机航拍还可以为影视作品带来别样的视角，为像飙车戏这样的动作场面增添强烈的视觉效果。航拍也可以营造静谧的效果，设想镜头摇移，缓慢经过一艘船，或在安静的湖上升起。

航拍也不仅仅局限于影视拍摄，还可以用于房地产、建筑业、勘探、救援等领域。本书专注于摄影和摄像艺术，重点介绍如何用航拍拍摄到吸引人的画面。这一章，我们将了解一些好莱坞等使用的电影镜头运动方法，以及一些自由飞行拍摄的技巧。

第一人称视角

第一人称视角监测在航拍视频中是必要的，我们只有看到拍摄的内容，才知道是否能拍好。我建议大家使用大屏幕的平板电脑，如iPad。我本人使用的是iPad Air 2。这种大屏幕的平板相较于手机，可以更好地帮助我们监测拍摄内容。另一种选择是可以直接连接控制器HDMI接口的虚拟现实眼镜。

目前，较火的虚拟现实眼镜品牌是肥鲨（Fat Shark），当然还有其他一些品牌。使用虚拟现实眼镜的好处是，不仅航拍监测画面清晰；而且因为是沉浸式的观看，避免了阳光等其他杂光的干扰。缺点是让我们"与世隔绝"，无法观察到无人机附近的障碍物，如树枝、电线等。此外，我们也失去了"距离感"，无法察觉到无人机与其他飞行物的距离。

按照法律规定，无人机须在视线范围内飞行，但戴着虚拟现实眼镜使用无人机，有时成为法律的"灰色地带"。具体情况视飞手所在国家法律的具体要求而定。我们必须密切了解法律和法规的变化，因为这些规定变化很快。若真是使用虚拟现实眼镜，我建

图5.1　第一视角屏幕设置

图5.2　虚拟现实眼镜

议请一位观察员协助飞行。观察员的职责是紧盯无人机及其周边环境，及时提醒带着虚拟现实眼镜的操控者，确保飞行安全。

我认为比较理想的操作办法是，使用大疆"悟"1中的多机互联模式。在这个模式下，控制无人机的飞行员用肉眼来监测，操作相机的飞手则使用另一套操控设备来控制相机拍摄（图5.1）。操作相机的人员专注于拍摄，无需担心飞行安全问题，所以这时使用虚拟现实眼镜是一个好的选择（图5.2）。大疆"悟"系列的遥控器有HDMI接口可以直接连接虚拟现实眼镜。双人协作操控的的一大好处是可以解放操控相机的人，使其可以大展身手，做出更复杂、更流畅的拍摄。我还建议飞手可以戴一副轻便墨镜，这样就不怕烈日强光的干扰。

摄像技术与常识

摄像技术是一个大话题，本书将不会在这方面过多着墨。但我认为有些常识是大家需要知道的。不过大家放心，下面的介绍将不会充斥着摄像专业的术语和枯燥理论。我将用通俗的语言为大家迅速梳理摄像常识。

帧大小

帧大小，简单地说，决定着视频大小。如今"标清""高清""超高清""4K"这些概念满天飞，相信大家一定听说过。那么，它们是什么意思？

电视信号发送以及老式电视一般使用隔行扫描，就是每一帧被分割为两场，各包含所有的奇数扫描行或者偶数扫描行，我们常见的1080i中的"i"就代表是隔行扫描。但在高清时代，逐行扫描逐渐代替隔行扫描。一般来说，视频大小的计量标准是高度，因为以前高宽比是固定的。视频的大小由竖向的分辨率来表示，如常见的720、1080就是说的画面的高度。（图5.3）

720代表高有720个像素，宽有1280个像素，分辨率为720×1280。

1080代表高有1080个像素，宽有1920个像素，分辨率为1080×1920。

近来，视频大小的计量标准从高度改为宽度。我觉得是新标准为了让视频大小听起来更炫，有利于销售罢了。不过，新标准并没有对以往的名称做改变，1080还是1080，并不是什么2K，虽然两者大小差不多。

新标准从4K开始命名，进而会有6K、8K等。4k即4000，指宽大约有4000个像素。其实4K和超高清（UHD）是一码事，这也是当前电视和电子产品常用的分辨率。

4K的分辨率为3840×2160。

图 5.3　视频尺寸
示意图

随后出现电影行业4K，宽度达4096个像素，与影院的放映机使用的接近。我拍摄4K视频都是使用超高清模式。

帧频

我们都知道翻页书。动态的视频其实是由一帧帧静态的图片组成，快速连续播放这些图片就能形成连贯的视频。帧频其实就是一秒钟的视频由多少张图片组成。

帧频是有通用标准的，这取决于使用的制式。亚洲、欧洲大部分国家以及非洲使用PAL制式，美国、日本等国使用NTSC制式。

NTSC制式下的帧频是30fps，即1秒有30帧画。PAL制式下的帧频大多为25fps。电影一般使用24fps。有时，人们还使用120fps的高帧频。若用30fps帧频的时间轴播放，则可以看到放慢4倍（120÷30）的清晰的慢动作。

根据所处的国家，我们一般使用30fps、25fps或24fps进行拍摄。当要拍摄慢动作镜头时，需要更高的帧频。

视频推荐参数

拍摄视频时，理想的快门速度是帧频的两倍。如果我们要拍摄30fps的视频，就需要1/60的快门速度；如果是24fps，就需要1/50。这样设置的原因在于运动模糊。当我们拍摄照片时，一般要提高快门速度。但在视频拍摄中，这种凝固会造成动作卡顿不流畅，就像说

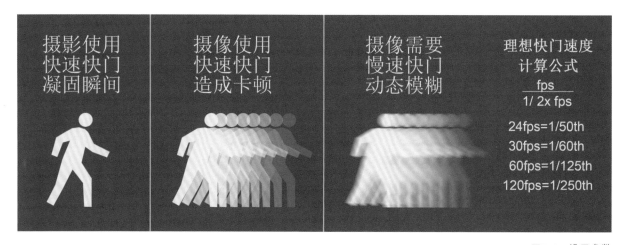

话结巴一样。若快门速度稍微放慢，每一帧都会产生一点自然的运动模糊，这会让连起来的动作更加流畅（见图5.4）。

图5.4　设置参数产生运动模糊

ND中灰滤镜的使用

ND中灰滤镜就像是镜头的墨镜。它可以减少进光量，延长快门速度，所以被广泛应用。

许多人问我使用中灰滤镜的原因，是不是用上以后照片自然就好看了。事实上，加上滤镜后，图像不是变锐了，而是变柔了。正确的曝光其实就是刚刚好，既不太亮，也不太暗。以下三个变量控制着摄影和摄像的曝光。

- **光圈**：镜头进光的开孔。通过调节光圈，我们可以设定进光量。收小光圈，完成正常曝光则需要相对较长的时间；而增大光圈，取得与前面相同曝光所需的时间会减少。
- **快门**：快门决定光圈开合的时间，即曝光时间。快门速度快则意味着光圈打开时间较短；快门速度慢则意味着光圈打开时间较长。
- **感光度**：相机感光元件的能力。感光度调低，意味着需要更多的光通过镜头被感光元件捕捉。感光度调高则相对需要较少的光线，但会产生较多噪点。

曝光组合就是调节快门速度、光圈大小和感光度以捕捉到足够光线。若快门速度太慢，则会出现影像的抖动模糊；若要提高快门速度，则可以通过加大光圈或感光度实现。但许多无人机机载相机无法调节光圈，所以只能通过调整其他变量进行曝光。

简单地说，你若发现拍得暗了，就提高感光度。但感光度是有上限的，这也是相机的极限。较高的感光度会让照片出现噪点，影响画面。

除了上限，感光度还有下限。例如下面这种情况，光圈无法调节或达到最小，感光度也到了最低。为了达到正确曝光，我们只能将快门速度设置为1/1000秒。但上文提到，要拍出流畅的视频，快门速度需要稍微放慢，显然1/1000秒则会太快。若把快门速度放慢到1/60秒这样的慢快门，则会过度曝光。在一些艳阳高照的白天，很容易出现这种情况；这时中灰滤镜就派上用场了。滤镜有不同的灰度等级，我们可以根据具体情况具体使用。把滤镜安装在镜头前，减少光的进入，便可以实现1/60这样的较慢快门了。中灰滤镜虽小，却是摄影、摄像及电影制作的重要工具。所以，我们需要配备不同灰度等级的多个滤镜。

视频怎么拍吸引人？

摄像就像写诗和写信，不可能所有的话用一个句子写完。我们一般是用不同的句子组成不同的章节，形成一篇文章。对于摄像，场景就是章节；组成场景的一个个镜头，就是句子。我们很少用一个镜头构成整个视频。

视频也不要全部由航拍画面组成，这有时候挺无聊的。记得早些时候的航拍视频是这样的，开机、起飞，拍摄几分钟无聊的画面，出现一些好的画面，又是几分钟无聊的内容，最后来个硬着陆，结束拍摄。建议大家不要再拍摄这样的视频，没有几个人现在愿意看这种单镜头的未剪辑的长时间视频了。

我们需要把视频拍摄分解为一个个计划好的、吸引人的镜头，然后再后期剪辑到一起。摄像有一个"十秒法则"，就是一个镜头至少要拍摄10秒，以留下充足的剪辑余地。我认为，航拍的一个镜头，比十秒还要多。图5.5显示了一个航拍镜头的三个组成部分。

图5.5 一个镜头的组成

预备起幅　　　拍摄部分　　　收尾落幅

■ **预备起幅部分**

即镜头向拍摄位置移动并做好拍摄准备。具体说来,选好操控位置,确保可以观察到飞行拍摄时可能遇到的障碍物;调整好航拍器方向,确定拍摄画面范围,完成构图;然后在计划拍摄位置前几米处开始拍摄。这样,我们就在拍摄想拍的画面时,调整好理想的速度和方向。在拍摄过程中,我不建议大家做画面变化调整。

■ **拍摄部分**

在这个阶段拍摄的内容就是要使用的画面,所以除了为特殊拍摄效果,千万不要有过急或过激的变化。在这个阶段,我们要均匀呼吸,认真操控遥控器,平稳缓慢调整摇杆。除非为了安全原因,否则不要做过大动作;同时,也避免为了拍摄更好的画面,中途临时改变拍摄。如果在拍摄时发现更好的摄制角度,可以在按照既定轨迹完成拍摄后,重新飞一遍。

■ **收尾落幅部分**

当完成预期内容的拍摄后,不要立刻停止飞行,继续飞几秒钟,完成拍摄的收尾。这时无人机或转弯,或上升,也可以直线飞出,总之就是要顺畅。就像高尔夫挥杆和网球挥拍一样,启动、发力最后做续缓冲动作。航拍也要平稳启动并飞入拍摄画面,然后流畅地飞出,在首尾都留下几秒余地。说不定在预备拍摄和收尾拍摄时,我们会拍到意外惊喜。当然,有时我们也要打破这一规矩,比如持续长时间地穿越滑行拍摄就无需预留几秒。但大多数情况下,我们在剪辑时,主要是面对的时长较短的视频片段。

前文介绍了如何实现流畅的拍摄以及航拍镜头的三个基本组成部分。下面我们来一同了解几种有用的拍摄镜头,希望为你的下一次拍摄增添灵感和创意。

镜头运动

在摄像圈,摄像镜头分为静态的和动态的。所谓静态镜头,就是摄像机固定在一个位置,通常我们使用三脚架实现固定。所谓动态镜头,就是摄像机镜头进行"推、拉、摇、移、跟"等运动。下面我们将详细介绍这几种基本的镜头运动方式如何在无人机航拍中使用,等等。你可能会问,我们不是在航拍吗,不是可以随心所欲地拍摄吗?当然可以,这叫作自由飞行拍摄,也是一种重要的拍摄方式。但自由飞行拍摄不是任意飞行,观众习惯于那些镜头运动,也容易读懂那些镜头诉说的故事。尽管摄像的手法不限于这几种镜头运动方式,但这几种方式值得我们注意和学习。

此外，在拍摄时也要注意光线的方向。一般说来，我们使用顺光拍摄；但在拍摄如日落、雾气时多使用逆光。在逆光拍摄时，我们要注意不要让螺旋桨产生的阴影进入镜头。这时可以稍微向下倾斜镜头、降速飞行或调整冲阳光角度，避开阴影。

静态镜头

拍摄静态镜头时相机不动，而画面中的内容在运动。这种简单的拍摄手法很重要，不容忽视。我们不能因为自己可以灵活地运动镜头而去随意地动。一些多旋翼无人机可利用卫星和光学进行精准定位，以实现悬停。这时我们可以用悬停的镜头捕捉到一些精美的画面和动作。我建议大家在初次尝试无人机拍摄时，为了熟悉无人机航拍可利用既往摄像经验去拍摄一些静态镜头。即使你已经将无人机玩得炉火纯青，但在拍摄时也要扪心自问：是否有必要运动镜头？事实上，过多的镜头运动不会让观众动心，反而有些反感。

图5.6　静态镜头示意图

我们还可以使用静态镜头进行高速拍摄。如将无人机就位，轻微操作达到最佳拍摄构图，然后使用120fps的帧频进行高速拍摄。

动态镜头

动态镜头是使用无人机航拍时最常使用的镜头。拍摄时，无人机处于运动状态。动态镜头的运动方式有很多种，我将从摄像的几种常用方式讲起，再介绍航拍特有的镜头运动方式。动态镜头使用的关键是缓慢流畅地移动镜头。

单轴运动

首先看几个基础的镜头运动方式，它们相对简单，操作容易。

摇镜头

如图5.7所示，摇镜头就是相机机身不动，镜头水平旋转。这种拍摄方式多利用有液压云台的三脚架实现。无人机则可通过拨动左控制杆实现摇镜头。如果使用大疆Inspire系列，则可以让无人机悬空，控制镜头摇动。我们可以缓慢摇动镜头扫过，以展示和介绍更多场景。摇镜头这一术语产生于1920年，出自摇全景。其实，当我们用摇镜头时，划过画面就是在拍摄全景。

另一种摇镜头是镜头"盯"着面前从静止到运动的一个物体，如一辆车或一艘船，由此镜头摇动。这与跟镜头不同，因为此时相机是不发生位移的。使用这种摇镜头，给人以一种"旁观者"的感觉。镜头"盯着"物体运动，而不是"随着"融入运动，属于一种反应镜头。

图5.7　摇镜头示意图

俯仰镜头

俯仰镜头类似于摇镜头，只不过是上下摇动。从视觉心理学角度看，因为物体坠落是垂直运动，这种上下垂直摇动的俯仰镜头给人以一种不安、刺激或危险的感觉，这一点也不像横向的摇镜头，给人以平静的感觉。

俯仰（tilt）一词源于中世纪英语tylten，意思为"摔倒"。我们可以使用操控云台实

图5.8　俯仰镜头

现俯仰镜头的拍摄。大多数无人机的遥控器都有俯仰拨轮，可以实现远程操控相摇动。在拍摄展示一栋高建筑时，我们会不由自主地使用俯仰镜头。通常，也会与座底拍摄等其他镜头运动配合使用。

图5.9 移动拍摄示意图

移动拍摄

移动拍摄可以是从一侧移到另一侧，也可以是从一端推到另一端。在电影片场，移动拍摄需要铺设轨道，然后将相机固定在像火车一样的轨道车上。沿着轨道移动，我们可以得到流畅的镜头运动。

这种移动的拍摄可以为影像增加视觉效果。例如，镜头一开始前面有遮挡，随着滑动，场景逐渐露出"庐山真面目"。我们也可以在遮盖物后面滑动拍摄，营造过渡效果，切换到另一个镜头。

航拍如何实现移动拍摄效果？我们需要让镜头朝前，同时无人机侧向飞行。侧向直线飞行并不容易，一开始会不大适应。视觉方向与飞行方向不同，这考验着我们的方向感和摇杆操作。不过，经过几个小时的练习，我们就应该能掌握这种拍摄技巧。

推拉镜头

推拉镜头是这些镜头运动中人们最熟悉的。它与操控推拉相机上的镜头一个道理。但大多数无人机机载相机镜头为定焦头，无法实现镜头本身的推拉。那么如何实现推拉拍摄呢？在地面拍摄时，定焦头的推拉靠摄影师的移动实现。同理，在天上，推拉定焦头靠无人机的飞行实现。但这种靠位移实现的推拉与靠镜头的推拉不完全一样。当推镜头即镜头焦距越来越长时，背景会被压缩。所谓压缩，就是背景与前面的物体看起来越来越近；反之，镜头变广会让背景与物体看起来越来越远。有些酒店拍摄宣传照正是使用的广角镜头，才使得房间显得比实际大很多。

想了解镜头推拉与位移实现的放大缩小有什么区别？我们可以看看希区柯克（Alfred Hitchcock）导演的电影《迷魂记》（Vertigo）。电影中使用了一种推轨变焦的拍摄方法，摄影机向后移动而镜头向前推拉，彼此保持相同速率。这样一来，拍摄物大小不变，但是背景却随之发生变化。

这里，我们迅速了解一下数码变焦。通过镜头推拉实现的光学变焦是真的变焦；而数码变焦是通过将传感器上的每个像素面积增大，实现变焦效果。使用数码变焦，"拉近"画面，会降低画质、增加噪点。其实，拍摄时的数码变焦与后期时放大缩小照片是一样的，甚至效果还不如后期时处理的。所

图 5.10　推拉镜头示意图

图5.11　旋转镜头示意图

以我建议大家尽量避免使用数码变焦，尽管有时看起来很方便。

旋转镜头

通过整体倾斜相机可以拍摄出旋转镜头。这种拍摄手法看起来不易在无人机实现。的确，这是一种不常用的拍摄方法，但总会有用武之地。在没有专门辅助工具的情况下，我们可以用以下两种方法实现旋转镜头的拍摄。

第一种实现方式是将云台设置为第一视角模式。在大疆Go App中，云台有跟随和第一视角两种模式。跟随模式下，相机始终保持水平。在第一视角模式下，相机随着无人机的倾斜而倾斜。

这时的视觉效果，我们可以类比第一人称视角游戏或在飞机驾驶室看到的视角。这种模式还原了拍摄中的动态感和速度感，并将人们的注意力转移到相机的运动上，所以需要在恰当的场合使用。

第二种实现方式是通过后期处理。我们可以在Adobe Premiere Pro或 Apple Final Cut Pro等软件中翻转画面。这时，我们需要拍摄较大的画面和使用较大的分辨率，以留有后期的余地。例如，你要呈现1080大小的视频，那么在拍摄时就要使用2.7或4分辨率。留足余地后，就可以使用软件旋转画面，以得到旋转镜头效果。

航拍镜头运动

下面，我们了解一些航拍适用的镜头运动方式。我们可以操作无人机，实现这些镜头的拍摄。

定场镜头拍摄

定场镜头是经典的拍摄手法。它可以向观众呈现故事发生的场景，并渲染氛围。通常，定场镜头视野宽、场面大，一般在场景的开头出现。这种拍摄方式可以揭示出场景的变化。以前，航拍定场镜头只能通过大型摇臂和直升飞机才能实现，成本很高；因此，一些制片方使用库存的视频素材来作定场画面。现在不同了，有了无人机，航拍定场镜头容易实现且成

图5.12 定场镜头示意图

本大幅降低。定场镜头可以是静止的、摇动的、揭示性的和穿行的。

揭示性镜头拍摄

有时，揭示性镜头效果震撼，可以作为定场画面出现。首先揭示性镜头从一个地点的画面开始，然后随着镜头的移动，揭示出更大或意外的场景。这就像在观众面前慢慢打开一份礼物一样。

电影《独立日》（Independence Day）是使用揭示性镜头的典型案例。威尔·史密斯饰演的角色从邮箱取了报纸，看到了邻居在往车上放行李。这时，一架直升机呼啸而过。镜头跟随着直升机向上倾斜，揭示了远处一座巨型太空船盘旋在洛杉矶上空。

图5.13　揭示性镜头示意图

揭示性镜头可以从树木或山丘这样的遮挡物开始拍起，随着摄像机飞起来或飞过去，展现出新的场景。我们也可以从一个物体的特写拍起，随着摄像机飞起来和镜头拉远，展示出物体的所在场景。另一种揭示性镜头通过滑动并倾斜相机实现。例如，我们操控无人机向前飞行，镜头首先向下拍摄。随后，继续向目标场景飞行并缓慢抬起镜头，最后整个场景尽收眼底。这种揭示性镜头还有许多拍摄方法，拍摄时要有耐心，保持画面流畅。此外，在用无人机拍摄时，要观察好周围环境，计划好拍摄路线。思考：从哪里开始拍，飞到哪里，什么时候、是否需要倾斜镜头，飞行线路上有什么障碍，是否有引导线可以帮助拍摄，等等。

环绕拍摄

环绕拍摄（兴趣点环绕）就是我们围绕并拍摄一个景物。这是我个人很喜欢的镜头运动方式，也很容易在一些智能化较高的无人机上自动实现。当然，我还是习惯通过手动操作来完成环绕拍摄，这样不仅自由度高，而且也不困难。

环绕拍摄的步骤：

- 将相机对准拍摄景物，调整好无人机高度和与景物的距离。（不要忘记按下录制键）
- 开始向左或向右飞行。
- 操控方向舵实现环绕飞行。

操控摇杆控制速度，另一边控制旋转和方向。这需要一定的练习才能协调操作。值得一

图5.14　环绕拍摄示意图

图5.15　穿行拍摄示意图

提的是，现在许多无人机可以实现自动环绕拍摄，具体请查看您无人机的说明书。

环绕拍摄还需注意以下几点问题：

- 安全第一。不要离环绕景物太近。如果没有足够的信心和娴熟的技艺，不要围着人或物做高难度的环绕。我建议大家可以从围绕一个球形物体开始练习拍摄。一定记住，再好的画面也不值得冒伤害或坠毁无人机之险。

- 如果环绕一个大型的建筑拍摄，确保飞行高度充足。因为无人机的操控信号可能在飞到背后时被建筑阻拦。

- 环绕拍摄并非一定得完成一个整圆。有时拍半圆就能够完成所需的环绕拍摄画面，然后在后期与其他镜头剪辑在一起。

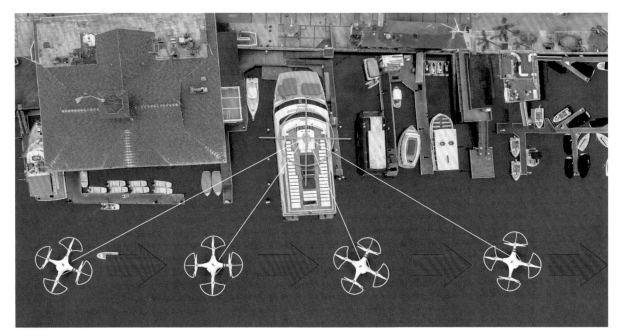

图5.16　飞越拍摄示意图

穿行拍摄

顾名思义，穿行拍摄就是无人机从场景中穿过并拍摄。这是一种有趣但稍有难度的拍摄方法。穿行拍摄时飞行要平稳缓慢，若想加点速，我建议在后期处理时提速。大多数情况下，相机的方向是正向前或向后。因此，如果飞行过快，可能会在镜头中出现螺旋桨的影子。

在穿行拍摄前，计划好飞行路线：从哪里飞入，哪里拍摄，哪里飞出。试着在地面上找一些有趣的拍摄线路，比如我们可以跟着一些移动的物体如汽车、自行车这样的交通工具去飞行，还可以沿着地面的道路、线路飞行。

对于一些飞行经验丰富的朋友，我们可以尝试穿越树林，沿着屋顶线飞行甚至从大的孔洞中穿过。这样可以拍摄到很多精彩的镜头，为视频添彩，但也不必飞得太近。

穿越拍摄给观众以一种身临其境的沉浸感觉，仿佛观众随着无人机在其中穿行。我们可以使用第一人称视角控制飞行，但确保身边有观察员辅助航拍。

飞越拍摄

飞越拍摄类似于穿行拍摄。只不过在飞行时，穿行拍摄的镜头对着飞行方向，而飞越拍摄的镜头方向始终冲着下面的物体，随着飞行而变化。飞越拍摄具有一定难度，因为无人机要在直线飞行时实现旋转。不过对于Inspire系列无人机，相机可以自由旋转，实现飞越拍摄要简单得多。

飞越拍摄的最简单办法就是使用智能飞行模式或IOC智能航向控制功能。一般地，将无人机机头设置为一直朝前，这时无论何时操作右控制杆倾斜无人机都不会改变航向。

我们可以使用智能航向控制功能（IOC）并锁定航向，实现飞越拍摄。选定航向控制，操控摇杆，确定航线和行驶方向。当无人机沿着这个航线飞行时，我们可以旋转无人机，并保持航向。这有点像飞盘，即使在旋转，但还是沿着直线飞行。总之，航向锁定功能可以有效地实现飞越拍摄。

更简单的方法是使用大疆无人机的航点飞行功能，3DR Solo无人机对应的是航线拍摄功能。通过设定两个航点，无人机于是就会从一点直线飞行到另一点，完成飞越拍摄。在DJI Go App将相机设置为自由模式。这样无人机就会沿着既定航点连线航行，我们可以在这一过程中自由地调整并旋转无人机或相机。

座底拍摄

相机像电梯一样直上直下完成座底拍摄。它可分为两种：第一种是相机不动，随着无人

图5.17　底座拍摄示意图

机上下飞行。相机可以直对着拍摄物，像扫描一样完成拍摄。这有点像移动车拍摄，只不过是垂直方向的。若没有无人机，这种拍摄只能通过摇臂或吊车实现。

另一种座底拍摄是无人机上下飞行，但相机通过不断倾斜始终对着拍摄物。这种拍摄的难点在于如何在上升或下降的同时操作相机等速且流畅地倾斜。如果操作正确，拍摄物体始终保持在大约一个位置，我们不会察觉到镜头的倾斜，只会感受到高度、角度及背景和物体之间的位置变化。

完成这种拍摄，我们需要熟练操作相机云台。在上升和下降时，操控云台使相机倾斜，并将拍摄物始终保持在画面中心位置。下面我们了解如何通过DJI Go app辅助座底拍摄。

在云台设置中调节云台拨轮控制速度，找到自己认为合适的敏感度。随后调节Smooth Track。该功能可以平滑云台动作。何谓"平滑"？假设你用一定力量和速度关门，如果自始至终都是一个速度，那最后肯定是摔门而出。一般的，我们会在门关闭前的一瞬间放慢速度，让门安静地关上；同样，火车在到站时也不会戛然而止，而是缓慢平滑地停下。平滑，就是让动作变换得流畅，这便是Smooth Track控制的功能所在。在它的控制下，云台运动更加平滑，像是缠在橡皮筋上，而非焊在钢条上。在Smooth Track控制设定中选择最合适的参数，实现云台的流畅操控。

大疆Phantom 4上的智能跟踪功能可以帮助我们实现座底拍摄。在画面中框定锁定跟随景物，但不要点Go（译者注：否则会触发跟随）。这时，我们可以升降无人机而相机始终对准跟随物体。

追拍

追拍在许多邦德系列电影中及汽车广告中使用。这种拍摄手法通常通过将相机固定在汽车或卡车搭载的大型摇臂上实现。摄像汽车追随并拍摄着发生的动作，那可能是另一辆车、一匹马、一个滑板玩家或是一个在街上奔跑的人。追拍一直随着动作的进行而拍摄，画面效果令人兴奋，但拍摄难度也不小。

我们可以在拍摄目标的上方、后方、侧方或前方使用航拍器追拍。与拍摄目标保持相同运动速度是难点，特别是在二者距离较

图5.18　追拍示意图

近的时候。提前排练准备也许是个好办法，但不是所有的情况都可以预测，如拍摄冲浪等体

育运动。动作方向变幻莫测着实为追拍增加不小挑战。所以说，拍好追拍需要敏捷的反应和柔和的操控，以紧跟拍摄物体，并随时调整拍摄角度将主体框在画面中心。一个好方法是预测拍摄主体的运动线路，然后保持相同速度和方向，不做过多调节；如果要调节，一定要轻柔流畅。

有时候，主体运动太快，实在无法做到轻柔的调节。我建议大家这时可以尝试使用较大画幅拍摄，如用2.7或4，然后追拍时稍微靠后一点，让画面周边多留余地。这样运动的主体更容易保持在画面中，我们无需实时调整相机角度；只需在后期制作中，通过剪辑既让拍摄主体处在画面中心，又让镜头运动变化轻柔自然。

目前，目标检测技术刚刚发展，该项技术可以帮助无人机实现对物体的识别和跟随。例如，大疆无人机的智能跟踪功能，Yuneec台风无人机使用的因特尔实感追踪技术，都预示着未来的追拍将更加容易。在智能跟踪功能的帮助下，我们可以调节跟踪距离，并调整相机镜头拍摄到理想的画面。相信未来随着技术的进步，智能跟踪及自动躲避障碍功能将会越来越强大，那些高难度的镜头拍摄将越来越容易实现。不过目前，对于大疆M600这样的高载重无人机，只能靠全手动操控实现跟踪拍摄。

鸟瞰拍摄

鸟瞰视角或上帝视角是将相机垂直对着地面拍摄，就像谷歌地球那样。鸟瞰视角独特，效果震撼，是航拍的经典角度。与之前的几种镜头不一样，鸟瞰视角是从空中垂直向下看。

图5.19　鸟瞰拍摄示意图

这时我们可以做一种平稳的扫描式的航拍，如俯瞰社区的环境，从空中跟踪监控车辆等。还有一种不错的拍摄方式是，使用鸟瞰视角，渐渐飞高远离拍摄对象，揭示出对象所在环境，可谓"不畏浮云遮望眼，只缘身在最高层"。此外，在太阳快落山时，地面出现影子，我们可以用鸟瞰视角拍摄，创作出有趣的画面。

摄像机稳定器配合自由飞行

自20世纪70年代，斯坦尼康摄像机稳定器成为电影片场许多器材的重要补充。斯坦尼康其实就是一种载重平衡的减震平台，由拍摄者穿在身上，相机放到平台上进行拍摄。一个经验丰富的拍摄者可以利用斯坦尼康，手持相机实现平稳流畅的镜头运动。当然，这需要许多练习和技巧。

目前在航拍领域，斯坦尼康稳定器已被无刷云台取代，如大疆的如影Ronin手持云台、Freefly Movi稳定器。许多无人机自带这些云台系统。

我们可以操控无人机像大黄蜂一样任意自由飞行。借助云台，这种无序的飞行依然可以获得流畅稳定的画面。在拍摄地的自由飞行拍摄很有意思，无需顾忌那些拍摄规矩和条框，只需飞行、拍摄、享受。当然，一段航拍视频不能全部由自由飞行拍摄而成，这会让观众摸不着头脑。综合运用自由飞行和其他固定拍摄手法，可以让视频更加精彩。还有一个镜头使用方法，那就是手持无人机拍摄。打开相机并录制，但不要启动无人机，而是将无人机当作一种手持云台。这样用手拿着无人机穿过一些复杂地形和狭小空间。人们看了视频肯定会想这个飞手的飞行技术太高超了。这个秘密拍摄方法，一般人我不告诉。

图5.20　自由飞行拍摄示意图

拍摄地点：美国加利福尼亚纽波特港口（Newport Harbo）；
拍摄时间：2015年12月
拍摄说明：日落时分拍摄的全景HDR图片，首先在Lightrosm CC
合成HDR和全景图，后在photoshop CC继续处理。

第六章

Lightroom、ACR
后期处理流程

对于摄影，后期修照片与前期拍照片同等重要。

有些"原片派"认为，照片不应后期处理，从相机出来什么样就是什么样，我并不赞同这种观点。我认为，摄影者应该利用所有可以利用的工具和手法去创作出最好的图片。当然，保持原片有时是必要的，例如在新闻摄影中。在探究这个问题前，我们要思考什么是"原片"？当使用RAW格式拍摄时，我们得到的是一种数字负片，其本身是需要进一步处理的。在传统的胶片时代，照片的最终呈现由暗房中的处理决定。现在，暗房技术变成了电脑中的后期制作软件。

对于是否后期处理这个问题，我有一个观点：前期拍好画面，后期做出效果（图6.1）。我们不必把摄影局限于按下快门拍摄这一个动作，那只是摄影的前半部分。后半部分的处理可以帮助我们突出作品的自我特色和印记。相比于普通相机，无人机搭载的小相机成像元件小，故动态范围窄、锐度低、噪点多，因为一般使用广角镜头，所以拍摄的画面有些畸变。这些劣势将很快在拍摄中显现出来，所以需要后期处理和修正。

我主要使用Adobe Photoshop Lightroom和Adobe Photoshop两款软件处理我的航拍图片。下面我将介绍如何运用这两款软件处理图片。Lightroom和Photoshop这两款软件是我忠实的"老友"。1993年，我就开始使用Photoshop，那时是2.5版，刚能在电脑PC上使用。对于Lightroom还是Beta测试版时，我就开始使用。我现在也荣幸地成为这两款Adobe软件的Alpha测试员。

要想深度讲解Photoshop和Lightroom的使用，恐怕得写1000页的书才行。大家可以

图6.1 前期后期对比图

上网了解，我创办了网站PhotoshopCAFE.com，并在上面提供了许多有关图像处理软件的资料。

可以说，这些图像处理软件从我开始从事摄影就一直伴随着我，那时数码照相机还不怎么高级。使用这些软件处理图片已成为我摄影流程的一部分。处理早期航拍相机拍摄的图片让我回想起以前扫描底片那段日子，那时要对照片进行"深加工"，底片中有好照片，需要下力气"哄出来"，但不能用力过猛，因为底片轻薄易碎，可谓"大火烹小鲜"。使用大疆的Vision和Vision+系列就是这样一种感觉。不过现在无人机上的相机在不断发展，我经历了Phantom系列3和4，Inspire系列1、X3和X5。在本章，我将整合了二十多年积累的拍摄经验及近三年形成的最新工作流程与大家分享。

每当我在网上发布航拍照片时，总会有朋友问我处理图片的流程是什么，下面我将统一回答类似问题。此外，大家还可在Facebook和Instagram上找到我，我在这两个平台及PhotoshopCAFE网站经常分享图片和心得。需要指出的是，我的工作流程并不是完美的，它还在尝试和完善过程中。下文介绍的只是我目前处理图片的方法，其中的一些技术也许会发生变化。我建议大家可以借鉴我的经验，并把它当作跳板，总结出自己的摄影风格和流程。其实我就是这样，还在不断地学习和改进，自己的摄影体系还在成型之中。

照片拷取

在我们处理照片前，要先将照片从机载相机拷贝到电脑中。这需要一个过程和系统。其中有3个问题值得我们思考：

1. 如何将照片从存储卡中拷出来？
2. 拷出来的照片文件存放到哪里？
3. 如何整理照片以方便日后查找？

拷贝数据

第一个问题很简单。将照片从相机拷出来的方法主要有三种：第一种是使用手机应用无线传输；第二种是USB接口连接线拷取；第三种也是我建议的，就是使用读卡器。这是拷取图片最快捷的办法，同时拷贝过程也不需要耗费无人机的电量。

大多数航拍相机使用MicroSD存储卡。这种小卡可以放置入SD卡套，当作SD卡读取。许多笔记本电脑有SD卡槽，可以直接读取SD卡。目前，苹果MacBook Pro的SD卡槽传输速

图6.2　MicroSD
读卡器

率达到480Mbit/s，超过了市面上的存储卡读写速度。

　　如果使用多卡拍摄，那么我建议购买一个好一点的读卡器。我使用的是雷克沙Lexar UR2读卡器（图6.2），支持UHS II超高速储存卡，支持3个MicroSD储存卡同时读取。我建议大家使用写入速度高于10m/s的Class10存储卡或速度更快的卡。关于存储卡的介绍，请参阅本书第二章内容。

图片拷到哪里

　　第二个问题，拷出来的照片文件存放到哪？照片一般会放到硬盘中，无论是磁盘还是固态硬盘，是外置的还是内置的，我们可根据自己的工作方式选择。我个人喜欢将照片和视频拷入外置硬盘，因为它使用方便灵活。于是我购买了许多硬盘，其中最喜欢使用的是外置RAID硬盘，因为其体积和冗余都相比别的硬盘具有一定优势。此外，传输速度也值得关注。雷电传输口（Thunderbolt）很棒，USB 3的传输速度是雷电的一半。尽量不要使用速度较慢的USB 2。USB 3.1的传输速度和雷电一样。雷电2（Thunderbolt 2）是雷电的2倍。总之，根据自己的能力购买最好的存储设备。对于图片可能看不出来变化，而对于视频，好的存储设备很重要。

如何管理照片

　　这里我们要了解一下电子文件管理。管理相片的系统有很多，关键是要一以贯之。无论我们使用什么样的办法对图片进行分类和管理，一定要坚持一直使用这种方法，这样就不会误删重要文件。我们可以按照使用的相机、拍摄日期、拍摄地点来设置文件夹，对拷贝下来的照片进行分类。

　　我个人习惯按使用相机型号和地点分类。我有一个名为"无人机"的主文件夹，该文件夹中按照使用相机型号分成GoPro、P2、P3、P4、Inspire、X5等文件夹。每个文件夹里再按照地点分，并注明国家、省区、城市和具体地点。如果我在同一地点多次拍摄，则会将每次拍摄的文件放入一个文件夹并标上数字，这可以有效地防止拷贝时覆盖同名文件。这便是我在拍摄以后拷贝并储存文件的办法。

使用文件夹管理图片有一定局限性，我们还需要"元数据"来描述图片文件的属性。设置元数据，方便文件的查找，可以帮助我们更好地管理拍摄文件。说到元数据，下面介绍一个更好的图像管理方法。我使用Lightroom软件对拍摄的图片和视频进行分类。在软件中我为所有的航拍照片和视频设置了一个目录，根据拍摄地点，目录下设各类收藏夹、子收藏夹。在导入照片时，我会为照片编辑关键词。这些分类与关键词可以帮助我日后寻找照片。像日期、拍摄时间、GPS坐标等信息都可以写入文件，便于存档。

我们也可以使用Lightroom的智能收藏夹自动实现一些如HDR合成图片以及已处理图片的整理。例如，我创建了一个智能收藏夹，将本书涉及的所有TIFF和PSD格式的文件自动收入其中。这样所有我在Lightroom和Photoshop处理的图像就会出现在那个收藏夹，省去我到处找图片的时间。

使用 Lightroom 管理图片

这一节，我将简要介绍图像文件管理以及一些值得注意的基本修图方法。Lightroom软件可以很好地对所有航拍图片和视频进行整理。我在http://photoshopcafe.com/Learn-Lightroom发布了时长15分钟关于Lightroom的速成课程，大家可以观看，进一步了解关于Lightroom文件管理的相关知识。

目录

目录是储存所有照片信息的地方。Lightroom软件并不储存照片，但它"知道"你的照片在哪里。我们可以利用Lightroom软件，为每张图片存储一定的文字说明，即.xmp文件。这个文本文件保有相机写入的EXIF数据，内含快门速度、拍照时间等信息；同时还保存我们添加的元数据，如关键词等。通过软件对图片所做的如亮度、对比度、渐变滤镜等修改动作也都被该文件记录。当我们用Lightroom打开一张照片时，呈现在我们眼前的是照片预览及各种图片信息，我们也可以调整滑块改变显示内容。

一个目录就是一个数据库，我们可以创建多个目录，但一次只能打开一个。我为所有的航拍图片创建了一个目录。如果要查看一个目录的所有照片，就需要在图库模式的目录框内选择"所有照片"。如果没有选择"所有照片"，可能会发现遗漏了一些照片。下面，我们从如图6.3所示的这个界面开始学起。

向下滑动鼠标，我们会发现"文件夹"对话项。这里显示的是图片物理储存位置。如果

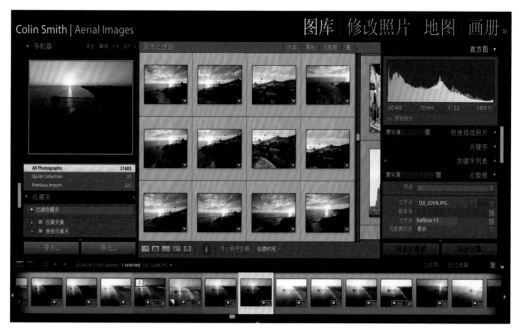

图6.3 Lightroom
软件图库界面

图6.4 文件夹界面（文件夹是图
片的物理储存位置）

图6.5 收藏夹界面

要改变图片的存储路径，可以在"文件夹"界面
操作，如将图片文件拖入一个文件夹。不要在硬
盘操作，这样Lightroom软件无法显示变化。总之
需注意的是，移动已经导入的文件一定要在软件
内操作，而不是在硬盘上移动。（图6.4）

收藏夹

大多数情况下，我们并不想面对着导入的全
部照片去处理。我们希望界面显示的是某一地方
拍摄的某些照片，这时可以使用收藏夹功能。图
库可下设多个收藏夹，用于迅速将照片分组整理。
当我们点击一个"收藏夹"时，只有在里面的照
片才会显示。（图6.5）

在收藏夹一栏，单击"+"创建一个收藏夹并
输入名称。如果这时已选定照片，则可在创建时选

择"包括选定的图片"，这样新建的收藏夹就会自动收入那些照片。如果没有选定照片或不选择"包括选定的图片"，则创建了一个空收藏夹。（图6.6）

我们可以将电脑文件夹或网格视图中的图片轻松拖入收藏夹，也可单张或多张添加。图片拖入收藏夹并不会改变图片的物理存储路径。

图6.6

『小窍门』

我们可以将"文件夹"界面下的文件夹拖入下面的"收藏夹"界面，这样便可把那个文件夹变成一个收藏夹，并收入该文件夹内的所有照片。

关键词

"关键词"菜单在图库模式界面的右侧。在那里我们可以添加关键词，帮助日后查找管理图片。（图6.7）

图 6.7　关键词菜单

查找图片

我们学会了添加元数据，也要学会使用元数据来查找图片。设定的关键词及元数据可以通过使用"图库过滤器"来进行检索（图6.8）。让界面显示"图库过滤器"的方法是：在菜单栏点击"视图"，选择"显示过滤器栏"或者按"Shift+\"。

图6.8

然后选择检索的标准是根据文本、属性、元数据还是无（选择"无"则关闭过滤器）。我们还可以选择"所有照片"，实现在整个图库进行搜索；选择在某个收藏夹，意味着只对这个收藏夹里的照片进行筛选和查找。

属性

在"图库过滤器"一栏中，"属性"是一个十分有用的选项，可以帮助我们按照文件属性来实现文件的过滤和显示，如分开图片文件和视频文件。（图6.9）

图6.9

在"属性"一栏的最右边，如图6.10所示，有三个按键。单击最后一个按键（图标为电影幻灯片），则可以隐藏所有照片，只显示视频，可为后期节省不少时间。

图6.10

图片基本处理

利用Lightroom软件，我们可以开始学习如何对照片进行调整。Lightroom和Adobe Camera RAW两款软件的使用基本相同，所以我们可以将对Lightroom的学习作为一个开始，下面的内容既适用于Lightroom软件，也适用于Adobe Camera Raw软件。如果我们在Photoshop打开一张图片并作为智能对象，那么它也可以同时开启Lightroom进行调整。此外，这两款软件不仅可以处理RAW格式图片，还可以处理JPEG、TIFF、PNG等格式。当然，RAW格式保存更多的数据，动态范围更大，适用于后期处理。

Lightroom和Adobe Camera Raw的兼容性

如果我们使用Adobe Creative Cloud数字中枢，那么最新版本的Lightroom和Adobe Camera Raw的功能设置是相同的。在旧版本的ACR导出的照片，我们可以使用所有版本的Lightroom打开，但一些修图的功能只能在那个版本的ACR进行再更改。

- Lightroom 4与Photoshop CS6完全兼容
- Lightroom 5与Photoshop CC（早期版本）完全兼容
- Lightroom 6与Photoshop CC2015完全兼容
- Lightroom CC与最新的Photoshop CC兼容

Lightroom 修图流程

我们现在开始了解在Lightroom软件中修改照片的操作顺序和步骤。大多数情况下，我的每张摄影作品都会经过这些调整。

需要注意的是，Photoshop中的ACR与Lightroom修图工作功能一样，所以我们也可以在Photoshop或Bridge中打开RAW文件。在PhotoshopCC中，我们也可以在"滤镜"中打开ACR，处理RAW格式照片。

镜头校正

首先要做的是减少镜头带来的畸变。广角镜头都会产生畸变，GoPro相机的畸变相对大一些。Lightroom软件内置有大多数相机镜头配置。若没有，我们可以选择类似的镜头配置进行校对。（图6.11a~6.11c）

图6.11a　原图

图6.11b　使用镜头配置修正

参见图6.11b中的数字了解镜头校正对应步骤：

1. 进入"修改图片"模式（我点击了界面左边的箭头，将左边一栏收起，这样视图更大）。

2. 在右边的菜单栏下滑找到"镜头校正"菜单。

3. 点击"启用配置文件校正"。

4. 选择相机"制造商"，这里我选择DJI大疆。我们会发现软件支持许多型号的相机，包括GoPro。

5. 选定相机或镜头"型号"以后，软件会自动根据内置数据对镜头产生的畸变进行校正。我们会看到图片鱼眼式的畸变以及暗角得到优化。在"型号"下拉菜单中，我们可能找不到自己使用的型号，可以用接近机器型号代替，如找不到Phantom 3 和4，可以选择Phantom 3 FC300X，校正效果差不多。

裁剪并修齐

下一步是修齐图片。受刮风等因素影响，有时无人机的云台并不完全保持水平，拍摄出的图片倾斜，这时可以使用"裁剪并修齐"功能进行处理。

参见图6.12中的数字，了解裁剪修齐的对应步骤：

1. 单击"修改图片"界面，点击位于左上角的"裁剪"。

2. 在"角度"一栏点击"矫正工具"。

3. 将矫正工具放入在图片中，沿着地平线单击画线，便完成了水平矫正。

图6.11c　镜头校正前后对比图（大疆Phantom 2拍摄）

图6.12　水平校正

此外，我们还可以在图片的角上操作，旋转画面；也可以利用修齐功能裁剪图片，去除视觉干扰，优化构图。

色彩校正

环境色温随着时间和天气的变化而变化，所以我们有时需要对照片的色彩进行校正。有时色彩不错，但我们可能想让颜色更暖，制造创意的效果。

参见图6.13中的数字，了解色彩校正对应步骤：

1. 仍然是在"修改图片"模式下，在"基本"界面，点击"白平衡选择器"工具（按键形似吸管）。

2. 将白平衡选择器移动到图片上的中性灰色或白色区域。我建议使用中性灰度定义选择白平衡，因为白色有时会过亮。当我们把工具放到图片的一个区域时，就会看到一个放大网格的出现，显示所选择的色块颜色。

3. 选取图中的中性灰色块即完成自动颜色校正，若效果不好，我们可以尝试用"白平衡选择器"选择不同区域。

图6.13 色彩较正

『小窍门』

在日落时分，我们可以选取阴影中的区域，那里一般为中性灰色。这样校正出来的颜色会很自然。我们也可以调节下面的"色温"滑块来手动校正色彩。

色调校正

下面介绍色调校正。这可能是很多朋友修片的第一步，但如果照片没有做好之前的准备，从处理前后的图片对比就可看出他们操作中的遗漏。

色调校正是通过调节图片亮度实现的。图片的亮度由阴影、中间色调和高光三个方面决定。正确调节这三个变量可以让图片看起来自然，而一些大幅度调节可以强化图片表现效果。我们可以自由选择。这三个变量的调节都可以在"基本"界面中操作。（ACR亦是如此）

图6.14 色彩矫正效果

高光

如图6.14所示，我们可以看到图片的高光部分有些过白。例如，天空一片亮白，无法分辨其中颜色。下面的建筑，如阳台，也是因为过亮而缺乏细节。

我们可以调节"高光"滑块，向左滑动还原高光部分的细节；相反，向右滑动的操作较为少见。在这个案例中，我们需要向左一滑到底，以恢复高光部分的内容。事实上，这种对高光部分比较重的操作是很常见的，因为高光部分的细节太容易丢失，尤其是在数码成像中。（图6.15）

图6.15

需要指出的是，当影像过曝，高光溢出过白时，滑动"高光"是无法恢复细节的，只会得到一片不怎么好看的灰色部分。因为过曝部分的细节根本就没有被传感器记录，自然也无法通过后期恢复。

阴影

"阴影"滑块可以帮助我们恢复图片暗部的细节。向右拖动滑块，提亮阴影部分，展示暗部细节。这里我们一定要适度操作，否则就会让照片看起来很假，并不是所有的照片都需

要恢复暗部细节。（图6.16）

　　调节"高光"和"阴影"可以恢复RAW格式下暗藏的细节，实现更大的动态范围（JPEG格式图片保存的数据相对少，可恢复的程度也就相对低）。对于"高光"和"阴影"的调节会减少图片对比度，让图片看起来有些虚。这不要紧，后面我们会调节对比度。处理时，我们还要兼顾噪点的控制。对于阴影部分细节的过度还原会产生噪点。一定程度的噪点是可以接受的，但太多就会毁了图片。

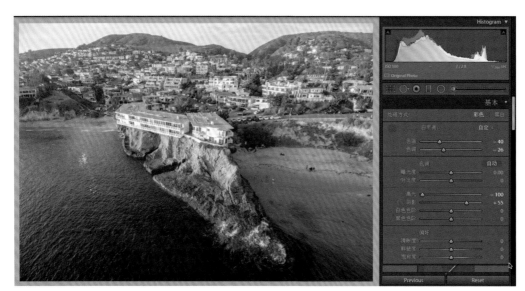

图6.16

图6.17

曝光度

曝光度调节图片的整体亮度，我们也可以利用它调节中间色调（灰度）。有时如果原片整体过亮或过暗，我会首先调节"曝光度"。是先调节"高光"和"阴影"，还是先调节"曝光度"，我会依图片的情况而定，这其实是一种平衡的艺术。向左拖动"曝光度"滑块降低曝光，向右提高曝光。对于图6.17这个案例，没有调节"曝光度"的必要，于是我也没有操作。

白色色阶

下面，我们了解对比度的调节。何谓对比度？对比度高了，则图片亮部暗部反差大，影像更加醒目；反之对比度低了，感觉像是隔着脏窗户看世界，影像更加朦胧。

向右拖动"对比度"滑块提高图片整体对比度，向左减少对比度并提高动态范围。我很少调节对比度，因为我倾向于对高光和阴影分别做调整。通过滑动"白色色阶"和"黑色色阶"，我们既可以让阴影部分的对比度变高，也可以让高光部分的对比度降低，达到自己想要的效果。

调节"白色色阶"有两个作用：最主要的一个作用是实现清爽干净的高光部分。若高光部分发灰或混沌，我们可以尝试稍微向右拖动"白色色阶"滑块，清除灰色部分；另一个作用是在"高光"滑块已经调到最左时，向左稍微滑动"白色色阶"滑块，还可以进一步还原高光部分的细节。图6.18的纯亮白区域不大，稍作调整效果就很理想。

黑色色阶

调控"黑色色阶"可以让阴影部分全黑，实现图片的高对比。若一张图片中没有全黑

图6.18

色，就会感觉轻浮，不够立体。向左拖动"黑色色阶"滑块可以加深阴影。（图6.19）

当阴影全黑，高光全白，看不出细节时，我们称之为高光暗部溢出。通常情况下，后期处理是在可接受范围内还原出尽量多的细节，所以我们会调节黑色色阶和白色色阶，增加反差，但不要出现溢出。下面介绍给大家一个小窍门：在拖动"黑色色阶"和"白色色阶"时，按住Alt键（苹果Mac电脑的Option键），图像立刻会全黑或全白；这时再拖动滑块就会发现有一部分图像显现出来。这一块图像就是滑块到这时会被溢出消失的部分。利用这种方法，我们可以了解滑块到哪里合适，既不会出现溢出，又可以提高反差。（图6.20）

这个使用Alt键的小技巧同样适用于"曝光度""阴影""高光"滑块。图6.21就是使用这

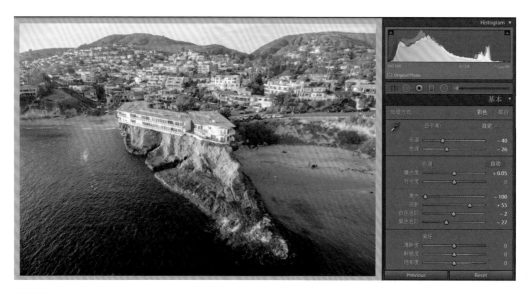

图6.19

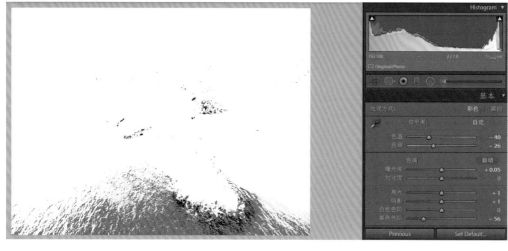

图6.20

图6.21 该图风格自然，阴影和高光部分的修改较小

种方式确定调节范围而修出来的图片。该图看起来更加自然，是许多人喜欢的感觉。我倾向于稍微夸大突出细节，特别是在使用小相机时，如大疆精灵系列或GoPro系列。若使用"悟"Pro (X5)这样传感器能力较强的相机，在修图时我会倾向于更加自然的效果。总之，后期关于色调的处理因人而异，每个人都有自己喜欢的风格。

增强功能

在"基本"菜单的最后，我们会发现"偏好"选项。该部分调整可以为图片带来多种创意效果。"偏好"具体调节项目如下：

清晰度

这里的"清晰度"功能不意味着锐化。所谓"提高清晰度"，实际上是增强中间色调的对比度。但不同于提亮或变暗中间色调，提高清晰度可以让中间色调更加显著，让图像的细节更加突出。如图6.22所示，向右拖动"清晰度"滑块，远处的山石和天空细节更加明显。而向左滑动，画面看起来更柔。我很少向左滑动"清晰度"，除非是在弱化一些图片中的可见条纹。

鲜艳度和饱和度

"饱和度"和"鲜艳度"调节图片色彩的量值。两者不同之处在于，"鲜艳度"是针对图片中色彩较少部分，调节力度远高于已经充满色彩的部分。这样我们可以提高色彩的量，让图片更加鲜艳，不用担心已经很鲜艳的地方会出现色彩溢出。在天空、水面、日落等部分加一点"鲜艳度"，效果是很棒的。（图6.23）

图6.22

图6.23

局部调整

上一部分，我们了解了对图片的整体调整，但有时候一张图片大体不错，只是有一部分太亮或太暗。牵一发而动全身，我们又不能通过整体调节去弥补。这时就要用到局部调整，最常用的工具是"渐变滤镜"。该工具经常用于处理天空，在自然光下，天空是光源，所以一般比其他地方亮。我们可以用渐变滤镜压暗天空，凸显出天空的色彩、云彩、夕阳等，而不会让其他部分变暗。

图6.24为原图，图6.25是我们按照上面介绍的整体调整修出来的照片。图片看起来不错，有许多细节。不过，我们在此基础上，还可以通过局部调整，让天空稍暗，让日落显得更加震撼。

参见图6.26中的数字，了解局部处理步骤。

1. 在"工具"中选中"渐变滤镜"。

2. 在图片中竖直方向拖动，这时形成三条水平方向的线。线上边的部分为可调整区域，线下边的部分为不调整区域，线中间部分为修图效果混合区域。

3. 拖动中间的黑点可以旋转和移动渐变滤镜。

4. 拖动其中一条线可以让渐变区域变大或变小。

图6.24

5. 双击"效果"可以重置刚才所有的设定。

渐变滤镜的几个编辑选项与"基本"的选项一样，唯一的区别是前者没有"鲜艳度"。在

图6.25

图6.26

图6.27

拖动滑块后我们会发现，只有渐变滤镜指定的区域发生了变化。渐变滤镜十分灵活，我们可以随时改变修图区域的大小，甚至可以在做完一系列调整后再改变渐变区域。（图6.26~6.27）

调整画笔

"调整画笔"是局部调整中功能最强的工具。我们可以使用该工具在图片任意位置"画"出变化；同样，"调整画笔"的编辑选项与"基本"选项类似。下面介绍该工具的使用方法。

图6.28已经经过整体调整，但我计划再对图中的岩石增加些细节，其他部分不做调整。参见图6.28~6.31的数字，了解调整画笔的使用：

1. 单击选中"调整画笔"。

2. 在下拉菜单中，调节画笔的"大小""羽化（柔和）""流畅度（力度）"和"密度（透明度）"。

3. 如果希望自动检测颜色以精确涂抹边缘，可以打开"自动蒙版"；如果不需要，可以关闭。

4. 按键盘的"O"键可开启查看蒙版覆盖，如图6.30所示的红色部分。我们可以以此画出想调节的部分；完成后再按"O"键隐藏颜色。

5. 双击界面上的"效果"可去除之前的调节效果。

6. 图6.31为使用"调整画笔"修过的图。

7. 在菜单中可以对画好的蒙版区域做进一步调整。

图6.28

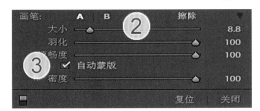

图6.29

图6.30

图6.31

去朦胧

有时雾气、雾霾及污染会在拍摄的图片上留下一层雾蒙蒙的痕迹。Lightroom软件
（Lightroom CC版本）为此专门设计了"去朦胧"功能。有点具有讽刺意味的是，这个功能是
在洛杉矶举办的Adobe Max大会上推出的，而洛杉矶的雾霾很严重。"去朦胧"这个功能可能
不是很常用，但我们知道它在哪就可以。

图6.32

图6.32拍摄的是一片水雾来袭，图片的
问题是细节部分有些朦胧。

如图6.33所示，仍然是"修图"模块，
在"效果"一栏，我们会在最下面发现"去
朦胧"选项（它与"渐变滤镜"都在局部
调整中）。拖动"去朦胧"数量滑块，向右
减少朦胧，向左增加。图6.34为使用"去朦
胧"工具后的效果。

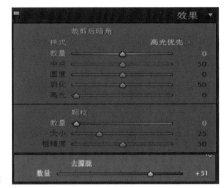

图6.33

图6.34

噪点、色像差的修正

拍摄时，会有些如噪点、色像差的小问题困扰着我们。若在朋友圈或网上发照片，它们可能不会被发觉。但如果我们要洗印图片，则有必要下功夫避免或修正这些小问题。

噪点

噪点有点类似胶片颗粒。不少人喜欢那种胶片的颗粒感，毕竟它是影像生产的天然"副产品"，但噪点并不受欢迎。由于相机感光元件努力去捕捉细节，于是不可避免地产生了噪点。具体说来，噪点的产生原因有以下三种：

1. 在弱光条件下曝光，噪点一般会在阴影部分出现。

2. 在高感光下曝光。提高感光度，也就是提高了相机感光元件的敏感程度，就会产生噪点。许多四轴无人机搭载的相机在感光度超过100时，曝光就会出现噪点。我们在选购相机时，可以先测试一下高感光度下的噪点，看看到多少可以接受。

3. 感光元件发热。如果我们不间断拍摄视频，让感光元件持续工作，也会因为感光元件发热产生噪点。

如果不放大图片，我们很难看到噪点，如图6.35所示。

在做降噪和锐化操作时，我建议大家将视图预览设为100%；如同经过放大预览的图6.36，我们可以清晰地看到噪点。噪点可分为色度噪点和明度噪点两种。色度噪点，即那些图片上的乱入颜色颗粒，是最容易通过后期去除的；通常稍微后期处理就能实现降噪。

在"细节"菜单中，找到"减少杂色"项。向右拖动"颜色"滑块，直到颜色颗粒均匀，颜色噪点消失。（图6.37）

第二种明度噪点是布满图片的那些小颗粒。我用图6.38作为案例，大家可以看到沙滩上的轮胎印降噪前后的效果。在"减少杂色"菜单，向右拖动"明度"滑块直至噪点减轻并消失。适当拖动"细节""对比度"滑块恢复细节。减少噪点势必会丢失细节，所以我们要在其中找到可接受的平衡。对于图6.38，我选择了100%，也许比较重，但我是希望大家能看到后期处理的效果。

缩小预览我们就可以看到降噪后的整个效果，如图6.39所示。这张图若发到朋友圈或者网上，效果应该不错，但若是去洗印照片，可能需要弱化一下刚才的"明度"处理，以保留更多细节。不要忘记，我们还没有对照片进行锐化处理。关于能够凸显影像细节的"锐化"功能，将在本章最后介绍。

图6.35　图片的噪点

图6.36

图6.37

图6.38

图6.39

色像差

不同颜色波段的光投射到镜头会产生色像差。我们可以从图6.40直观地看到什么是色像差。将图片放大至200%，我们发现图中白色双体船的船首被紫光环绕，这条彩色镶边便是色像差。

在"镜头校正"菜单，点击选择"颜色"，打开"去边"界面。选定"删除色差"，并拖动"量"滑块实现色像差的消除。（图6.41~6.42）

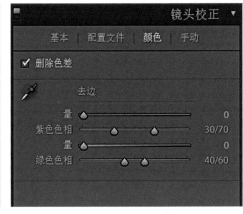

图6.40

图6.41

图6.42

最后工序

以下介绍的工序并非用于每一张照片，但有时候，这些工序会很有用处。

径向滤镜工具

当我们希望突出图片中的一部分，以成为读者的视觉中心时，径向滤镜就派上用场了。径向滤镜类似于渐变滤镜，只不过径向滤镜的形状为任意大小的圆形或椭圆形，适用于图片的任意地方。调整可以在圆圈内部，也可以在圆圈外部。

如图6.43所示，影像整体不错，但那艘船也就是观众的视觉中心感觉平平。这时我们可以使用径向滤镜为那艘船提亮，而不会干扰到图片的其他位置，就像在上面打了追光灯一样。图6.44显示了径向滤镜的操作步骤：

1. 选中"径向滤镜"，并在图片画出调整范围。
2. 选择"反向蒙版"，意味着对圆圈内部进行调整。
3. 提高"曝光度"。
4. 调节"羽化"，让变化更加柔和自然。图6.45为使用径向滤镜提亮后的图片。

图6.43

图6.44

图6.45

再看一个例子，在图6.46中，视觉主体已经足够明亮，但周围也一样亮。这让主体不够突出。图6.47显示了另一种操作方法：

1. 选中"径向滤镜"，但这次不选"反向蒙版"。（图6.47）
2. 调节降低"曝光度"和"饱和度"。（图6.47）

图6.46

图6.47

图6.48

图6.48便是另一种使用径向滤镜处理的结果。这个工具很常用，而且若是用得巧，观众是察觉不到后期痕迹的。

暗角

相信很多朋友见过在照片中添加的暗角，这可以帮助读者将目光迅速集中到图片核心位置，为影像增加专业水准。由于镜头镜片为圆形，中心受光要比边缘多，所以产生暗角。这以前被认为是一种影像缺陷，现在成为广受欢迎的后期效果。Lightroom软件虽有"暗角滤镜"，但我们先不使用它进行创意暗角的添加。我们使用的是"效果"菜单中的"裁剪后暗角"功能。

图6.49 一张没有暗角的照片

暗角滤镜在我们修剪图片后，可能会被剪掉，而使用的"裁剪后暗角"，设置好的暗角会随着裁剪或变形始终在图片上。

首先了解一下设置暗角的几个组成（图6.50）。通常我们会稍微调整这几个量，让暗角更加自然。但这里我为了让大家看清楚各个滑块产生的效果，于是调得重了一些。

- **数量**：向左拖动边角更暗，向右拖动边角变亮；若是制作暗角，就向左滑动。
- **羽化**：让暗角边缘更加柔和自然。图6.50中的第二幅显示的是羽化极端地调为0，我们可以看到暗角明显的边缘。
- **圆度**：从左向右拖动"圆度"滑块，暗角内边从方形变为圆形。
- **中点**：可调节暗角的大小。

图 6.50

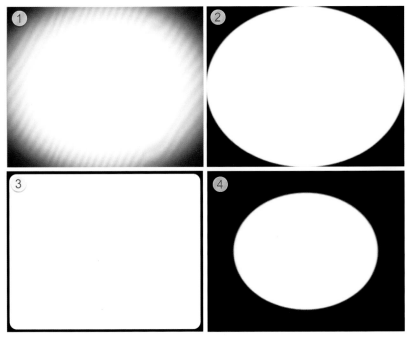

图6.51为暗角功能的现实应用案例，我们还会在本书中看到许多添加暗角的照片。添加了暗角，仿佛就像为照片增添了一个柔和的视觉边框，"框住"了观看者的注意力，将视线吸引到画面主体上。

图6.51　裁剪后增添暗角效果

巧用"去朦胧"

上文提到了"去朦胧"的使用。下面我想与大家分享几种巧用"去朦胧"工具的办法。这些后期技术并不是很常用，但是艺多不压身，还是有了解它们的必要。我们可以将"渐变滤镜"和"去朦胧"一起使用，突出或消除环境对画面的影响。

选择"渐变滤镜"，并将所有数值归零。

选择"去朦胧"去除雾气。我们可以从图6.53中看到后期处理后的效果，云彩和天空都得到了突出。

我们也可以反过来用"去朦胧"，为画面的一部分增添雾蒙蒙的效果。在图6.54和图6.55便是案例。

图6.52　未使用"去朦胧"修过的图片

图6.53　使用"去朦胧"以后，天空和云彩更加凸显

图6.54 没有反过来使用"去朦胧"的照片

图6.55 渐变滤镜下减小"去朦胧"工具，看起来远处雾气腾腾

锐化

　　章节最后，我们一起了解锐化功能。所有的镜头都会产生一定程度的模糊，所以适当的锐化是必要的。Lightroom软件会在打开处理图片时进行微量的自动锐化。我们一般也会在处理图片时对图片进行锐化。

　　锐化要留到所有处理的最后一步再进行，这是很重要的一点。我通常都是先保存未经锐化或稍微锐化的图片，然后根据图片的使用渠道进行最后的锐化。如果要洗印照片，就需要多一点锐化；如果发到朋友圈或网上，就不需要太多锐化处理。

　　之所以这样处理，是因为分辨率。图片输出分辨率越大，需要越多的锐化处理。此外，观众看图的距离也要考虑到。如果近距离地欣赏照片，就不要用太多的锐化，否则人们会看到图中景物周边的一些锐化产生的光晕。但若观众离得较远，如看墙上挂的照片，这时在后期处理时加一些锐化，可以让图片看起来更干净利落。

　　若准备洗印或从软件输出照片，就加一些锐化。如果要把照片放到Photoshop继续处理，就等所有处理完成后再进行锐化。

锐化的工作流程

图6.56　默认锐化后100%预览大小下的图片

　　进行锐化处理时，一定将预览视图调至100%，确保在调节锐化强度时可以看到画面细节变化。

如图6.57所示，在"细节"菜单中的"锐化"部分，拖动"数量"滑块可以调整锐化的强度。我们的锐化处理一定要从"数量"调节开始。

按住Alt键（苹果Mac电脑的Option键）滑动数量模块，我们会发现图层预览为黑白，更容易看清楚锐化效果，如图6.58所示。

图6.57

图6.56 默认锐化后100%预览大小下的图片

随后调节"半径"。这时按住Alt键（苹果Mac电脑的Option键）拖动滑块，可以看到锐化的效果。我们可以通过调节"半径"加强或减弱锐化的效果。锐化的原理其实就是加强细节边缘的对比度。如果加得过多了，就会看到景物边缘出现淡淡光晕，如图6.59所示。

当我们增加"半径"，效果如图6.60所示。

另一个可调节的量是"细节"，它可以凸显景物的质地和一些低对比度的细节。按住Alt键（苹果Mac的Option键）后拖动"细节"滑块可以预览细节的锐化效果。需要注意的是，不要过度提高细节，否则图片会出现莫列波纹，效果如图6.61所显示的那样。

最后一道工序，调节"蒙版"，保留锐化效果，并减少噪点和波纹。按住Alt键（苹果Mac的Option键）后拖动"蒙版"滑块，我们可以看到一些白色，那里是被锐化的部分，黑色是被保留不动的部分。还是按住Alt键（苹果Mac的Option键），当"蒙版"滑块为0时，预览画面为全白。当到100时，则显示没有锐化的效果，预览画面为全黑。这时我们要找到一个平衡点，让图像主体细节得到锐化，而其他部分不至于因为锐化而产生噪点。（图6.62）

图6.65为100%部分预览，我们可以清晰地看到锐化的效果。大家在锐化时，要注意看一下图片各个位置的锐化效果，确保整个图片的锐化效果满意。

图6.66为图6.65的全图，不过未经过锐化处理。

图6.67是经过锐化的。可能不仔细看看不出区别。锐化其实就是让图片更加清亮，千万不要过头，否则看起来会很假。

图6.59

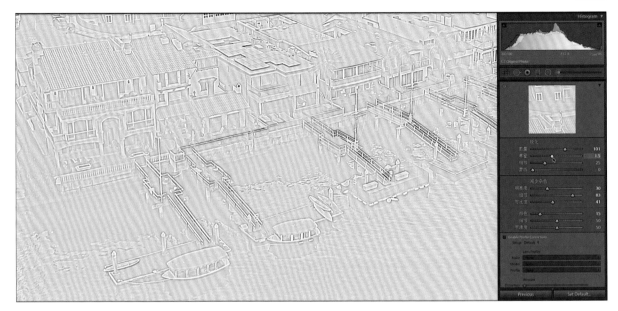

图6.60

图6.61

图6.62

图6.63　放大后发现因锐化而产生不少噪点

图6.64　蒙版消除不少噪点

图6.65

图6.66

图6.67

本章小结

本章我们了解了许多基本的后期修图技术，它们是Lightroom和Photoshop软件中最主要的后期功能。过去，我会建议大家使用Photoshop或自动滤镜。不过现在随着软件升级，功能更加强大，我建议大家多用Lightroom和Photoshop软件实现照片的基本修整。这种修图速度快、效果好，而且完全可逆，对于照片的损耗小。此外，Lightroom和Photoshop软件不仅可以处理RAW格式，处理JPEG和TIFF格式的照片也没有问题。

当然，有些修图手法只有Photoshop支持，或者Photoshop要比Lightroom效果好。我们会在下一章了解。下一章也会继续介绍Lightroom软件的一些使用。此外，我们将进一步了解一些高级的修图方法，如HDR、全景图等。

拍摄地点：美国加利福尼亚洛杉矶市区
拍摄时间：2014年4月
拍摄器材：大疆精灵2 Visisn
拍摄说明：在高速路旁的一处空停车场拍摄，
　　　　　使用Photoshop软件合成的全景图。

第七章

图片后期技术进阶

　　上一章我们了解了后期处理图片的基本流程和方法。本章将在上一章的基础上，向大家介绍图片后期处理的高级技术。若是你尚未阅读第六章，我建议你在读完以后再看本章节内容。

　　在本章，我们将了解许多进阶的后期技术，如将多张照片合成一张图片的技术。我们将会学习合成全景图、HDR以及全景HDR图，还会了解许多其他处理图片的高级技巧，帮助大家提高无人机航拍的水平。

全景图的后期制作

拍摄全景图的方法是，镜头摇动，每经过一部分拍摄下一张照片，然后多张图片通过软件拼接"缝合"而成。无人机很适合拍摄效果震撼的全景图。

我将航拍的全景图传到网上，反响都不错。虽然全景图拍摄起来具有一定难度，但相信下面的内容可以帮助大家迅速掌握航拍全景图。在刚开始尝试拍摄时，也许效果一般，不要气馁，随着一次次的练习，相信大家一定能掌握全景图的拍摄。

这一节，我们将了解如何使用Lightroom 和 Photoshop两款软件合成全景图。我个人喜欢使用Lightroom软件，因为其更加快捷。但Photoshop可以处理一些畸变严重的图片。最好的办法就是Lightroom和Photoshop都掌握，根据情况灵活使用。

使用Lightroom合成全景图

Lightroom软件在6和CC这两个版本上，新增了全景图功能，所以Lightroom 6以及Lightroom CC都是合成全景图的"利器"。相信在未来，使用Lightroom处理全景图会越来越方便。下面为使用Lightroom合成全景图的操作步骤。

本书第四章已经介绍了全景图的拍摄方法，这里不再赘述。我们一起来看一下如何进行后期。首先选中用于合成的几张图片，如图7.1中所示的5张。我们可以按住Ctrl键（苹果Mac电脑的Command键）在缩略图中实现多图选定。

在合成之前，我们首先要对这些照片进行镜头校正等预处理。这个操作将很大程度提高拼接全景图的成功率。

参见图7.2中的数字，了解镜头校正对应步骤。进入"修改图片"模式，在右边的菜单栏下滑找到"镜头校正"对话项，如同第6章介绍的那样，对一张图片进行如下处理。

1. 点击并选择要处理的文件。
2. 点击"启用配置文件校正"。

图7.1

3. 选择相机"制造商"。

4. 选择相机"型号"。

若找不到自己使用相机对应的型号，这时可以用相似机器型号代替；也可以尝试调节下面的"扭曲度"，手动去除镜头畸变。

现在，我们已经完成了其中一张照片的镜头校正。然后自然希望将这个校正效果施用于其他照片上。参见图7.3和图7.4中的数字，了解同步效果的对应步骤。

1. 确定合成所用的全部照片都已选定。

2. 点击"镜头校正"界面左下方的"同步"按键；或在菜单栏中点击"设置"，选择"同步设置"。

3. "同步设置"对话框打开，如图7.4所示。点击"全部不选"清除默认设置。

4. 在对话框中只选择"镜头校正"。如果之前我们对单张图片进行了其他修改，这时记得选中刚才修改的内容，或者直接点"全选"。

5. 点击"同步"，这时所选图片的调整都完成同步。

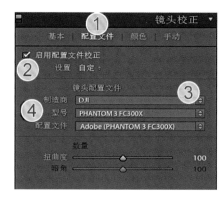

图 7.2

图 7.3

在选定多张图片的情况下，单击鼠标右键，选择菜单中的"图片合并"，再选择"全景图"。这时会有三个选项，如图7.5所示。对于大多数全景图，选择"球面"即可。

有时也要选择"透视"选项。例如垂直移动镜头拍摄的竖幅全景图；再比如镜头朝下飞行，拍摄一个个网块以合成地图。这是"透视"选项为数不多的使用场合。

全景图选项界面的"边缘扭曲"功能（译者注：从LightroomCC 2015.4版本以上）可以帮助我们自动调整拼接出来的全景图边缘，以填充画面空白区域，这样就不会裁剪掉边角的细节。我们可以尝试向右拖动"边缘扭曲"滑块，观察具体效果（图7.6）。在将滑块参数调整至100后，整个画面都能够填充满，没有浪费一点画面。但是这可能会带来整个图片的扭曲和地平线的弯曲，关键还是寻找一个平衡点。

图7.4

图7.5

全景图选项
选择投影

球面

圆柱

透视

☐ 自动裁剪

边缘扭曲 ————————————— 70

取消

合并

图7.6

倘若我们拍摄的图片地平线不平，在合成全景图时就会出现弯曲的地平线或不平整的拼接。这时Lightroom也无能为力。只能重新拍摄或使用Photoshop处理。

回到合成界面，我们还可以选择"自动裁剪"裁掉周围的白色部分。当然，这种裁剪并不是不可撤销的。在合成后，我们可以使用"裁剪"工具，调整之前自动裁剪的部分。但是"边缘扭曲"无法在合并后再做调整，因为该功能只在全景图合并选项界面出现。最后，点击"合并"，Lightroom软件将按照我们的设置完成全景图的拼接。合成的图片仍是DNG无损格式，保留原有的动态范围。

注意：

如果我们要合成多行的全景图，即让不同照片像拼图一样组成全景图，操作还是如上所述。选中所有要拼起来的图片，然后进行同样的全景图合成操作。图7.7便是合成后的成果。

全景图预览

我喜欢使用Lightroom软件合成全景图的一个原因是，它可以迅速得到拼接后的预览。这时图片还未真正的拼接合成，只是提供给我们一个合并后的样子。预览功能可以节省很多时间。通过预览，我们可以知道这组图片合成后的效果，如果不好，就没有必要花时间进行合成。这就要求我们在拍摄过程中，在一处地方要多尝试几组不同角度的拍摄，以免有的图片合成全景图后效果不好。熟能生巧，相信大家随着拍摄经验的增长，全景图拍摄的成功率会越来越高。

全景图选项

选择投影

球面

圆柱

透视

☑ 自动裁剪

边缘扭曲ーーー70

取消

合并

图7.7

在图7.8的基础上，图7.9利用了上一章介绍的渐变滤镜，减弱了天空的曝光并调节了颜色。大家可以在图7.10中看到我对曝光、色彩平衡所做的具体调整。

图7.8

图7.9

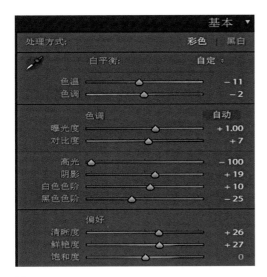

图7.10

使用Photoshop合成全景图

合成全景图的软件很多，如PT GUI。本书篇幅有限，不可能对每一款软件都做介绍。我对Photoshop和Lightroom的使用较有心得，所以重点介绍这两款软件。当Lightroom处理出来的照片变形严重时，Photoshop软件是很好的补救方法，下面我们一起了解使用Photoshop软件合成全景图的技巧。

首先在Lightroom或Adobe Bridge打开图片。Adobe Bridge是Adobe系列的一个控制中心，安装Photoshop时可以免费安装。（图7.11）如果我们使用Bridge，可以按照以下步骤操作。

选择合成全景图所需要的全部图片，右键弹出菜单，选择"在Camera Raw打开"。

在Camera Raw界面，我们首先对图片进行镜头校正操作，减少畸变。参见图7.12中的数字，了解其具体步骤。

图7.11

图7.12

1. 在缩略图中，按Ctrl +A（苹果Mac按Command+A）实现全选，或者在右键菜单中选择"全选"。这时对于单个图片的调整将自动施用在全部选中的图片上。

2. 单击"镜头校正"按钮。

3. 选中"启用镜头配置文件校正"。

4. 在缩略图单击右键，在菜单中选择"同步"。

5. 点击"完成"实现对图片的基本调整后，回到Bridge界面。

这时便可以把照片传给Photoshop处理。如图7.13所示，在菜单栏打开"工具"，点击"Photoshop"，选择"Photomerge"（图片合成）。

图7.13

使用Lightroom开始处理，然后在Photoshop完成图片的合成是一个不错的工作流程。我们可以首先在Lightroom中，像

图7.14

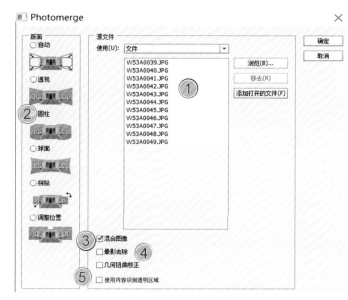

图7.15

之前介绍的那样对所有照片完成镜头校正等初步处理，然后右键选定"在应用程序中编辑"选择"在Photoshop中合并到全景图"。（图7.14）

我们既可以选择在Lightroom软件开始操作，也可以选择Bridge软件打开图片，总之最终都可利用Photoshop对照片进行合并。把照片传给Photoshop后，Photoshop软件会自动打开，然后就会出现"Photomerge"（图片合并）对话框。

请见看图7.15中的数字，了解合并的具体步骤：

1."源文件"框内为需要合并的图片。这里支持RAW格式文件。

2．选择"版面"模式。对于大多数全景图的合成，选择"圆柱"或"自动"模式即可。

3．我们会看到下面几个选项，其中"混合图像"需要勾选，否则合成出来的图片各部分只是对齐而没有混合。

4．为了节省处理时间，"晕影去除""几何扭曲校正"可以不选。因为我们已经在对单张图片进行镜头校正时完成了这些操作。当然，勾选上这两个选项也没问题，只是合并处理时间会相对变长。

5．同样为了节约时间，"使用内容识别透明区域"选项也无需勾选。这一道工序我们将在后面手动操作。最后，点击"确定"开始合成。

稍等片刻，Photoshop软件会将所选图片合成全景图。刚合成出来的图片可能形状怪异，就像原始人粗糙的毯子，如图7.16所示。我们继续对图片进行处理。

图7.16

使用Photoshop修正图片扭曲

下一步，对图片进行变形，清理边角空白。

选中所有图层，按Ctrl+E（苹果Mac为Command+E）合并成一个图层，如图7.17所示。

在主菜单栏选择"滤镜"下的"自适应广角"工具。它可以修正刚合成出来图片的畸变和扭曲。在"自适应广角"对话框中，校正选项会自动选择为"全景"模式。如果我们打开加工的是一张已经完成的全景图，可以把选项改为"鱼眼"模式。

图7.17

拖动工具栏中的"约束工具"到扭曲部分，然后实现纠正。该操作也是要遵循平衡的原则，就像好多人一起蹦床，图中的每个地方都要照顾到，不要顾此失彼。有时这么调整不错，换另一张图又不好用了，所以随时准备按Ctrl+Z键（苹果Mac 的Command+Z）进行动作撤销。下面介绍使用"自适应广角"工具实现图片扭曲的纠正的具体方法。

首先要做的是让全景图中的地平线保持水平，这通常也是我修正扭曲所做的唯一处理。如图7.18所示，使用"约束工具"在水平线位置，从左侧开始画线。按住Shift键画线，则所画的线变为黄色。这意味着该线下面的像素将被调整而构成水平线，而图片其他部分将进行旋转扭曲以适应该水平线。

图7.18

图7.19

然后从右向左，重复刚才的画线操作，这样图片的水平线就会平整。只画一条线是不够的，我们需要"左右开弓"，从两边完成整个水平线和图片的校正。

下面我们开始对全景图中的主要景物进行修正。需要注意的是，细节修正工作要适可而止，并且要耐心操作。在图7.19中，底部的建筑边缘有些弯曲，这时使用"约束工具"沿着弯曲部分拉一条线，我们会发现图中的线随着建筑的变形扭曲。

在这个案例中，我没有按住Shift键，以此为水平线，因为这会对下面的小山坡产生旋转。这里，我只是对弯曲进行了适当的修正，如图7.20所示。

1. 在图7.20中，水平线都为黄色，而调整角度的线为蓝色。

2. 当我们按住Shift键竖直画线，可以得到90°垂直的约束线。在本图中一些建筑的一侧，我使用垂直的线完成建筑扭曲的修正。

3. 我还修正了图片最右边建筑的房顶。完成所有细节的处理后，点击"确定"。建议大家确定所有细节没问题后再点确认，争取一次处理成功。因为再回头进行一遍修改效果不一定好。

4. 我们要对全景图进行裁剪。在工具栏选择"裁剪工具"，对照片的尺寸大小进行调整。裁剪时，有些边边角角留点小空白不要紧，我们可以在后面填补上去，如图7.21所示。当图片大小调节完毕后，按回车键完成裁剪。

图7.20

图7.21

图7.22

　　下面我们了解一下如何填补刚才裁剪留下来的空白。按住Ctrl键（苹果Mac的Command键）点击右侧图层界面的缩略图，这样就全部选中了图片透明和空白部分，如图7.22所示。

按Ctrl+Shift+I键或在鼠标右键菜单选择实现"选择反向"。我们需要选中的这一部分稍微大一点，以产生足够的重叠，为下面处理做准备。所以在主菜单中的"选择"下拉菜单点击"修改"，再选择"扩展"。扩展量大约为10像素即可，如图7.23所示。

图7.23

下面，使用"内容识别"填充空白。在主菜单的"编辑"下拉菜单点击"填充"，在对话框中选择"内容识别"，如图7.24所示。

这时，空白的边边角角会被与周边相似的内容覆盖。如果没有，可以选中那些区域，再进行一次内容识别填充，如图7.25所示。

图7.24

最后，我在Camera Raw对图片进行了一些基本处理，具体设置参见图7.26。

图7.25

图7.26

HDR 高动态范围图像

　　成像元件的动态范围有限，这是摄影必须面对的一个局限。所谓动态范围，就是成像元件一次可以捕捉的可见光谱跨度。在大多数情况下，动态范围限制不会对我们的摄影产生影响。但在一些高反差的场景，如日落，动态范围不足就成问题了。我们可以回忆自己拍摄的图片，有时景物曝光正常，但天上太阳位置一片亮白。图7.27是我早期的摄影作品，我们可以看到成像元件因为动态范围限制，无法捕捉到天空中强光的细节。前几年，航拍还比较新鲜，这种样子的照片也许还能接受；但现在随着无人机航拍水平的提高，这种照片是不会再受到欢迎的。

图7.27

　　图7.28看起来稍好一些，但天空和下面

的阴影部分都可能丢失细节。

　　一般说来，我们只能选择地面或天空中一处实现相对正确的曝光，这就意味着没有选择的部分会得到过度或不足的曝光。当然，一片渐变滤镜可以缓解这个问题。

　　在图7.29中，天空的曝光是充足的，所以我们可以看到天空云彩的细节以及日落丰富的色彩。但下面海中的石头一片漆黑，显然丢失了细节。

　　相反，在图7.30中，礁石的曝光充足，细节清晰，但天空一片亮白。这说明相机成像元件无法在记录阴影部分细节的同时，完全记录高光部分的内容。解决动态范围限制的办法是自动包围曝光（AEB），即面对同一场景按照不同曝光等级拍摄多张照片。在大疆无人机相机还无法支持自动包围曝光功能时，只能手动实现曝光量的变化，实现照片更大的动态范围。Gopro等无法实现自动包围曝光的相机也只能通过手动调节。在单反相机上，我一般是拍摄三张曝光量值不同的图片：一张正常曝光，一张欠曝，一张过曝。每张曝光量值相差2档。目前，大疆无人机载相机还不支持这么大的曝光量差值，所以我一般一次拍摄5张曝光值不同的照片。

　　回到后期处理，在Lightroom软件中，我在图库模式选定了五张图片。这是合成HDR高动态范围照片的第一步，如图7.31所示。同样，我们也可以在Adobe Camera Raw按照相同的方式打开5张照片。

　　如图7.32所示，选定照片后点击右键，在菜单中点击"照片合并"，选择"HDR"（高动态范围图像）。

　　如图7.33所示，在HDR对话框中，我们可以看到合成后预览以及几个选项。如果预览效果不理想，我们可以打开"自动调整色调"。

　　下面，我们一起了解一下去除伪影。在照片合并过程中，几张照片中的持续动作会被记录下来，例如人在

图7.28

图7.29

图7.30

图7.31

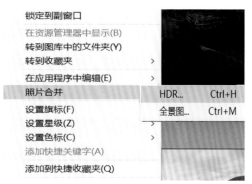

图7.32

图7.33

走动，车在行驶。若是每张照片都有行走的人或车，那么在连续拍摄的几张照片中，其位置肯定不同。合并照片后我们可能会发现，那些移动的物体多次出现，如同鬼影。若是只有一张照片拍摄到移动的物体，合成后那个移动的物体很可能呈半透明状，看起来十分奇怪。我们称这些奇怪的影子为"伪影"。除了刚才提及的运动的物体外，流水以及风吹动的叶子都可能变成伪影。我们在合成HDR照片后，要判断这些伪影是否严重影响画面效果。

如果照片中存在伪影，我们可以尝试使用伪影消除功能，在HDR合成对话框中选择低、中、高三档"伪影消除量"，并查看对应效果，如图7.34所示。

若选中"显示伪影消除叠加"，我们会发现在预览图中，伪影部分被一层红色覆盖标出，如图7.35中的海浪部分。在图7.35中，"伪影"对照片并无大碍，反而让海浪更加出彩。因此，我不打算消除这里的"伪影"。

但是图7.36中的"伪影"就必须要处理了。这张照片拍摄到一只海鸥袭击无人机，但我们看到照片里的一只海鸥变成了两只。

使用伪影消除后，海鸥的伪影消失，见图7.37。

说到海鸥袭击，我想多提几句。海鸥是一种领地意识强、攻击能力高的海鸟，特别是在

图7.34 图7.35

图7.36 图7.37

筑巢繁殖季节。那时，我们会听到它们大声鸣叫并冲向天上的无人机。虽然海鸥一般不会去碰撞无人机的螺旋桨，但我们最好还是敬而远之。我发现当无人机水平方向飞出很远以后，它们还会跟随着。但当无人机飞得稍高一点时，它们似乎就不再追随了。也许是因为海鸥的鸟巢和食物来源都在地面，所以它们更重视保护低空。

　　回到合成HDR图。最后一步是可选的。在合并前，我们可以取消勾选"自动调整色调"。这种自动调整是软件根据算法对合并出来的图片设置的一个初始色调。自动调整所做的所有色调变化都是可逆的。如果我们想自己手动调整，可以将自动选项关闭。（图7.38）

　　单击"合并"，软件会自动合DNG数字负片，包含合并照片的所有信息。合并时，软件界面左上角会出现图7.39所示的进度条。我们也可以用上述相同方法合并5张图片，只不过合并处理时间会相对长一些。

图7.38

图7.39

图7.40

下一步就是对刚才生成的HDR图片进行调整。为了在图库中轻松寻找到刚刚合并的图片,我们可以在"图库"模式下,将"排序依据"选为按"添加顺序",如图7.40所示。

这样刚处理的图片就会出现在所有缩略图的最后。图7.41便是刚才合并生成的HDR图片。

我们现在可以像修普通照片一样加工这张照片。所不同的是,合并出来的HDR图在高光、阴影部分具有更多的细节,可调节的范围也更大。

如图7.42所示,我们可以把"高光"滑块拉到最左,查看高光部分丰富的细节。

图7.43所示的"基本"菜单,为我对这张图做的进一步调整,可供大家参考。

图7.41

图7.42

图7.43

此外，我们还可以使用"渐变滤镜"为天空增添更多细节。例如，使用"去朦胧"工具可以提高天空中云朵的质感。不过有一个问题，右上角的小山也在渐变滤镜调整的范围之内，在对天空进行处理时，会连带着让那些小山变得黑暗。（图7.44）

『小窍门』

在互联网搜索"NIK Viveza""Macphun Intensify Pro"色彩光线滤镜。它们可以直接在Photoshop和Lightroom使用，用来提高云彩部分的细节。

如图7.45所示，在"渐变滤镜"工具菜单栏的右上角，我们会发现"画笔"工具。该工具可以实现对渐变滤镜修改区域的局部调整，既可以增加修改区域，也可以减少修改区域。

若是减少修改区域，单击"擦除"或者按住Alt键（苹果Mac的Option键）。若勾选"自动蒙版"，软件会自动识别边缘，帮助我们准确画出消除区域。（图7.46）

图7.44

图7.45

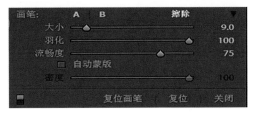

图7.46

如图7.47所示，红色蒙版指示出渐变滤镜的调整区域。

使用画笔，我们可以将远处的小山"画出"渐变滤镜调整区域，这样在修天空时，就不会影响到那座小山。（图7.48）

图7.49为修完的图片，我们可以看到小山的细节得到了保留。画笔工具不一定非得在处理HDR时才使用。它在渐变滤镜和径向滤镜的使用中用处很大。

图7.47

图7.48

图7.49

Photoshop 蒙版

使用"蒙版"是另一种提高图片细节的方法，且蒙版工具使用起来非常灵活。

我们可以用相机拍摄连续两张图片，以图7.50中的两张为例，左边的照片展示出高光部分的细节，而右边的则展示出阴影即地面的细节。通常，我会首先在ACR和Lightroom软件中对照片进行初步处理，然后再放到Photoshop中做进一步加工。在这里，我想直接用Photoshop加工从相机出来的原片，以便让处理过程更加清晰。

在Lightroom软件中，选中这两张照片，单击右键，在菜单中选择"在应用程序中编辑"，再选择"在Photoshop中作为图层打开"。如果使用Bridge，则在菜单栏点击"工具"，选择"Photoshop"，再选择"将文件载入Photoshop图层"。（图7.51）

这时，我们打开Photoshop软件会看到一个由两个图层组成的新文件。注意：要保证稍微明亮的那张图片对应的图层在上面。（图7.52）

选中第一个图层，按住Alt键（苹果Mac的Option键），在图层菜单的下方点击"添加矢量蒙版"。这样就会在第一个图层上添加一个黑色遮盖图层，如图7.52所示。我们的目标是将这个遮盖蒙版图层涂白（透明），显露出上面图层里我们需要的一部分。这样我们可以让下图层里的部分显现，于是将图层融合，形成一张照片。（图7.53）

我们可以使用画笔，手动画出想要选择的区域，也可以利用工具快速选定。在这里，我使用"快速选择工具"框定出陆地部分。（图7.54）

注意：在快速选择时，我们要在图层面板上选定图层，而不是选定蒙版（选定方框的位置在图层）。

图7.50

图7.51

图7.52

图7.53

图7.54

　　拖动"快速选择工具"光标在图中框定选择区域。按Alt键（苹果Mac电脑的Option键）可以反方向操作，去除选定，见图7.54。在主菜单栏下的工具栏，选择"调整边缘"可精细化选择区域。对于本案例，我将"半径"设定为4.2，将"平滑"设定为5，将"羽化"设定为1，让选择边缘更加柔顺。"输出"选择为输出到"选区"，见图7.55。

　　这时选定蒙版，并用白色填满黑色蒙版，两个图层会一起出现，如图7.56所示。这时图片看起来可能有些失真，不要紧，我们还要继续做处理。

图7.55

图7.56

图7.57

刚才我们已选定陆地部分，这时按Ctrl+D键（苹果Mac电脑按Command+D键）实现反向选择。在工具栏的笔刷中选取一个柔边的，笔刷颜色为白色。如果使用的是Wacom或Surface Pro这样的压感触控笔来操作笔刷，那么就把透明度调至50，并选中"始终对不透明度使用压力"；如果使用的是鼠标操作，那么就把透明度设为20左右。将画笔在交汇区域滑动，这样陆地和水面的融合就会更加柔和自然，如图7.57所示。

然后，将最上面的图层放置到Camera Raw进一步加工，点击"滤镜"，打开"Camera Raw滤镜"。使用Camera Raw进行增加对比度等调整，为的是和下边的图进一步更好地融合，见图7.58。同样的在Camera Raw打开下图层，做基本调整，与上图层更好地融合，见图7.59。

我们可以看到图层之间的融合更加自然。不过在一些接缝地带，如天空和小山之间需要进一步加工，见图7.60。

这时，我们可以选择黑色笔刷，在蒙版上画去上图层的一部分，让下图层得到更好地融合。这里我们要放大图片，耐心地擦去。这里可以使用柔边的画笔，让边缘更加自然，见图7.61。

图7.58

图7.59

图7.60

图7.61

如图7.62所示，我们可以看到刚才画的蒙版的形状。在Photoshop蒙版工具中，白色蒙版是显现当前图层，黑色蒙版遮盖当前图层，并显现下一个图层，见图7.63。蒙版区域调整结束后，我们还可以通过其他功能进一步加强图层之间的融合。

同时选中刚才的两个图层，按Ctrl+Alt+Shift+E键，苹果Mac电脑按Command+Option+Shift+E键，可以在这两个图层上面生成一个合并图层，如图7.64所示。这个图层称为合并图层。

在Camera Raw打开那个合并图层，然后做适当调整，如图7.65所示。因为之前的两个图层已合并成这一个

图7.62

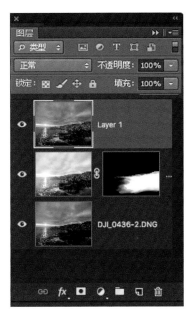

图7.63

图7.64

图7.65

图层，所以处理起来更能去除图层间的不融合之处，让整个图片更加自然。

在这里，我们还要对照片进行降噪和锐化，如果你不想使用Camera Raw进行锐化，可
以先不在这里进行锐化。接着阅读，我们了
解如何用Photoshop进行更专业化的锐化。

图7.66

高反差保留锐化

高反差保留是在单独的一个图层上进行
的，所以可以随时调整其对于整图的影响。
通过调节这个图层的透明度，我们还可以实
现锐化大小的调节，所以我很喜欢使用"高
反差保留锐化"这种灵活的工具。

如果最顶层的图层是合并图层，如图
7.64所示，那么就复制该图层；如果不是合
并图层，就按照上面介绍的方法创建一个合

并图层，放到顶层，并在"混合选项"将混合模式改为"叠加"，如图7.66所示。

在图7.67中，在菜单栏的"滤镜"，点击"其他"，选择"高反差保留"。

调节"半径"可实现锐化效果，通常设定在1~4之间（图7.68）。我们可以边调节边查看锐化的效果。好的锐化效果是细节凸显但不至于出现光晕、照片失真。此外，锐化的"力道"还取决于图片的分辨率及用途。传到互联网的锐化程度要比洗印的小。

图7.69为处理后的效果。刚才进行高反差保留锐化的图层在最上面，可以通过调节图层透明度实现对锐化强度的调节，甚至也可以完全消除锐化的结果。

图7.67　　　　　　　　　　　图7.68

图7.69

HDR 全景图

HDR全景图是使用HDR图片拼接成的全景图，许多朋友询问我如何制作，所以在这里我想介绍一下HDR全景图的制作方法和技巧。本书第四章已对如何拍摄这个问题做了介绍，这里我想重点讲解后期的方法。

后期处理流程并不复杂。窍门在于首先合成HDR图片，然后合并为全景图，即首先要做的是在Lightroom或ACR中合成HDR图片，然后把这些HDR图片当作普通图片那样，拼接为全景图。可以说，这是对我们所学后期技术的一个综合应用。

例如，两幅各有5张图合成的HDR图片，经过拼接，合并成一幅10张图组成的HDR全景图。虽然整个合成过程听起来复杂，但实质上和之前三五张合成时完全一样。

首先合成HDR图。这里介绍一个提高效率的小窍门：选中需要合成HDR的5张图，使用键盘快捷操作按Control+Shift+H键进行快速HDR合并。这个快捷键实际是让软件跳过HDR具体选项，直接按照上次的设置进行合并。所以我建议大家在合成第一张图时，按照之前介绍的那样设置好HDR合并选项；后面的就用快捷操作，跳过设置快速合并。对于这个例子，我们勾选上"自动调整色调"，因为软件自动调节的效果不错。

如图7.70所示，选定5张合成HDR使用的图片，按Control+Shift+H键。

这时无须等待合成结束，直接选后5张需要合成的图片，见图7.71，还是按Control+Shift+H键。（如果后面还有图片需要合成HDR，便继续该操作。）

这时，软件界面左上角会出现进度条，显示所有合成任务的进度，如图7.72所示。

图7.70

图7.71

图7.72

处理结束后，新合成的HDR图片会在缩略图中出现。不要忘记将"排序依据"改为"添加顺序"，这样我们就可以轻松找到刚刚生成的图片。

选中所有需要拼接的HDR图片，方法和使用普通照片制作全景图一样。我们会发现有的照片在右下角出现了标识，这说明该张照片经过了处理。我们可以通过查看标识，得知需要选中哪些HDR图片。此外，刚合成的HDR图片的文件名中被加上了"–HDR"的后缀，如图7.73所示。

图7.73

我们可以使用Lightroom或ACR进一步将这些HDR图片合成全景图。对于这个案例，我选择了"自动裁剪"。需要指出的是，自动裁剪是可逆的和可选的。如果在Lightroom进行合并，那可以勾选上"自动裁剪"；

图7.74

如果是要传送到Photoshop软件处理，就不用自动裁剪了。

如果我们选择在Photoshop软件对合成的全景图进行调整，那么在Lightroom的全景图选项中就不要调节"边缘扭曲"；反之，若选择在Lightroom中进行全景图合成操作，就需要调节"边缘扭曲"，如图7.74所示。对于这个案例，Lightroom软件无法实现水平线的校正，所以Photoshop成为唯一选择。如果我们可以在Lightroom实现全景图的校正，就无须打开Photoshop。需要指出的是，在后期处理使用什么工具其实没有什么金科玉律，每张图片都有自己的特点，都有自己的处理原则和办法。有时水平线需要拉直，而有时全景图圆弧形的水平线效果也不错。

图7.75为合并出来的全景图，我只对其进行了基本的后期制作，如图7.76所示。这时除了一些基本调整，不要对照片进行降噪和锐化。我们将把图传送到Photoshop进行最后的处理。

图7.75

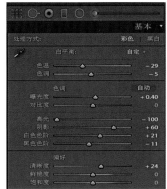

图7.76

图7.77

图7.78

恢复图片修改

如果在合成时使用了"自动裁剪",那么如何恢复那些被裁剪掉的部分?我们可以在"修改图片"模式下,点击"裁剪叠加"工具,之前被裁剪的部分就会显现出来,如图7.77所示。

这时,拖动工具四角,恢复四周被裁剪部分,如图7.78所示。如果我们发现未裁剪的图片形状十分怪异,无法在Photoshop进一步加工,可以回到前一步使用"自动裁剪"。

下面在Photoshop中打开这张图片;不过这次我们使用另一种打开方式。在进行处理时,我们希望图片保持RAW格式,这样由HDR合成而大幅扩大的动态范围得以保留,而且后期的处理将不会损耗图像。为了实现这个目标,我们可以在图片上点击右

图7.79

键，在弹出菜单中选择"在Photoshop中作为智能对象打开"，如图7.79所示。

首先，去除全景图的畸变。在Photoshop的菜单中点击"滤镜"，选择打开"自适应广角"。因为我们是将图片以"智能对象"打开，就可以随时撤销做过的调整，对图像进行非破坏性的智能化处理；于是自适应广角滤镜功能成为随时可以改变效果的"智能滤镜"。

在"自适应广角"菜单中，将"校正"选项从"全景"改为"鱼眼"。我们不需要知道更改背后的深刻原理，只需要知道在校正全景图时，"全景"模式不如"鱼眼"模式效果好。

向左拖动"缩放"滑块，直到可以看到整个图。这一项工作对于后续的校正很重要，如果看不到全部的图，一些边角将在修正时抹去，如图7.80所示；随后，按照之前介绍的方法，校正水平线。请对照图7.81中的数字了解具体步骤：

1. 从图片左边开始，沿着水平线拖动"约束工具"，直至画到水平线的一半。所画的蓝线会沿着水平线的弧而弯曲。拖动时，按住Shift键，所画的线变为黄色。黄色的线意味着软件将认为此线为水平线，并根据它来对照片进行旋转扭曲，以实现水平线的校正。松开鼠标，这样左边图的水平线校正完毕。

图7.80

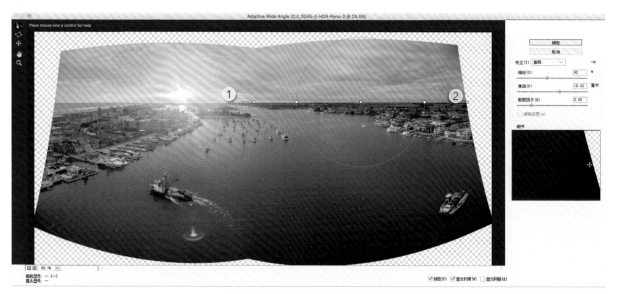

图7.81

2. 然后处理右边的水平线。从接近刚才左边处理线的一端开始，同样还是按住Shift键向右拖动，直到图像边缘。经过这样处理的水平线应该是平整且水平的。如果效果不佳，我们还可以再使用"约束工具"多做几遍，直到效果满意。

3. 对照片进行裁剪。选择"裁剪"工具，确定裁剪区域。如图7.82所示，我们可以在边

图7.82

角保留一点透明区域，后面再做填补，但前提是透明区域附近的图像没有太多复杂的细节。

在图层界面，我们可以发现所编辑全景图的"智能对象"标识。图层下面有"智能滤镜"。如果想更改刚才滤镜的设置，只需双击智能滤镜下的"自适应广角"，即可进入修改界面。点击眼睛形状的标识可以隐藏滤镜所做的调整。

消除视觉干扰

下一步，我们要去除一些视觉干扰物。许多工具可以完成图像中干扰物的清除，比如"仿制图章工具""内容自动填充"等。这里我使用工具栏中的"修补工具"，它的工作原理类似"内容自动填充"。但因为修补工具可以直接在智能对象上操作，这样我们就不必栅格化图层，既保留了图像质量又简化了操作。

我们会发现，图层缩略图角上有"智能对象"的标识。这便是要处理的图层。

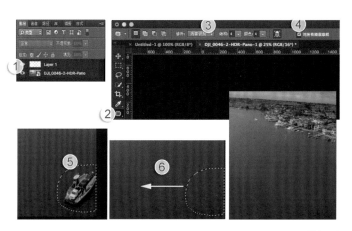

图7.83

参看图7.83中的数字，了解使用"修补工具"处理智能对象的具体步骤：

1. 在智能对象图层上新建一个空白图层。

2. 选择"修补工具"。

3. 在菜单栏下的修补模式选为"内容识别"。

4. 勾选"对所有图层取样"。

5. 使用修补工具选定污点或想去除的部分。

6. 拖动选中部分移动，选择周围相似部分替代选定区域。

松开光标，选中区域的视觉干扰得到修复。所有修复在新建的一个单独图层，所以无需栅格化智能图层。

使用"修补工具"也可以修补之前裁剪留下的空白区域，也可以去除镜头光晕（位于图7.82左下方）。所有的修补都还是在刚才新建的空图层上进行。如果我们隐藏下面的所有图层，只保留空白图层，就会发现之前所做的修补痕迹，如图7.84所示。

这时显示所有图层，我们可以看到修补工作处理后的效果，污点和边角的透明区域都得到清除和修补，如图7.85所示。

值得注意的是，修补之后对"智能对象"图层再做其他处理，可能会导致无法和空白图层融合。因此，我们在做完修补后，要将这两个图层进行合并。选中这两个图层，按Ctrl+Alt+Shift+E键，苹果Mac电脑按Command+Option+Shift+E键，这样所有图层顶上创建一个合并图层，如图7.86所示。下面的图层仍然保留，我们可以随时点开重新进行调整；而对于新建的合并图层，我们可以放心地对其进行最后的加工处理。

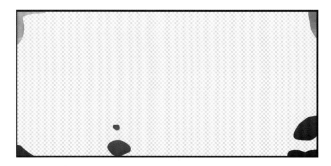

图7.84

图7.85

图7.86

最后收尾工作

通常，全景图处理到这里就要做一些最后的收尾调整了。我们将在Camera Raw软件中完成这些调整。在菜单栏的"滤镜"中选择"Camera Raw滤镜"，打开Camera Raw软件。

我们会发现Camera Raw所有设置已经重置，这是因为软件打开的是一个新的合并图层。这时我们还可以再对高光处的细节做一次恢复。之前在Lightroom中，图片在调整时已经将高光滑块调到最左边极限，所以使用这种办法可以实现二次调整。不过这一次我们可以稍微减轻调节的力度，甚至不再对图片做调整，如果希望得到较为自然的效果。

图7.87所示的界面是我对全景图做的基本调整。

点击进入"细节"界面。

在这里进行降噪和锐化。（图7.88）

在"效果"界面，可以适当加点暗角效果。（图7.89）

图7.87

图7.88

图7.89

点击"完成"，我们成功地合成了一张HDR全景图。（图7.90）

即使我们不是合成HDR全景图，而是合成普通全景图，以上的这些技巧也都可以应用。

图7.90

    对于一些使用更多素材合成的HDR全景图，我们也不要认为有多么复杂。我曾用115张
图合并制作出一张HDR全景图，具体步骤和上面的操作一致。

特效

有时，我们会对照片做一些有趣的特效，也许是为了让照片与众不同，也许就是为了好玩。下面我将介绍两种最常使用的特效。

移轴效果

移轴效果妙趣横生。它可以有效地将读者的眼球吸引到图片的一部分。通常，我们使用广角镜头航拍会拍摄到大景深、大视角的图片，里面的景物都清晰。这时如果通过后期让一些杂乱的内容失焦模糊，会让照片与众不同。我们以图7.91为例尝试添加移轴效果。这张照片拍摄于加利福尼亚巴尔博亚半岛的新港沙滩，是一幅合成的竖幅全景图。

使用Photoshop软件打开图片，在图层缩略图单击右键，在弹出菜单选择"转换为智能对象"，如图7.92所示。如果我们不做这一步，之后的滤镜变化将直接使用在原图层。转换

图7.91

图7.92

为智能对象可以随时重新编辑。

在菜单栏打开"滤镜",选择"模糊画廊"中的"移轴模糊"。我们会在打开的界面看到模糊工具的默认状态,如图7.93所示。

我们可以通过拖动画面中的虚线实现移轴效果,即一横条的画面清晰,周边其余模糊。移轴效果的图看起来就像是微缩景观。

下面,我们参考图7.94中的数字,了解一下具体实现这种效果的步骤:

1. 使用菜单中的"模糊"滑条控制模糊程度。

2. 两线之间的清晰部分可以任意移动,也可以旋转。

3. 模糊效果将在实线和虚线之间渐渐融合。虚线外的部分为全模糊,模糊程度由第一步的滑条调节。

当效果满意后,点击"确定"在智能对象上实现移轴效果。处理后的效果如图7.95所示。

因为处理的图片为智能对象,所以我们可以在图层缩略图双击打开滤镜,随时更改之前的设定。

下一个案例,我们将尝试将控制模糊区域缩小,让图片更像微缩景观,如图7.96所示。

图7.97中,码头的轮船看起来就像玩具。这种视觉效果产生的原因是,周边虚化让人眼以为看到的是微距下的模型,而不是真实的世界。

图7.98是另一个移轴效果的案例。

图7.93

图7.94

图7.95

图7.96

图7.97

图7.98

小星球效果（360 Degree Tiny planet）

　　另一种我最喜欢的特效是小星球效果。在使用无人机航拍之前，我就已经在做这种特效。因此，接触无人机以后，我就很快认识到航拍照片很适合制作小星球特效照片。目前，我很少看到有人这么做。下面我们一起来了解一下小星球特效的实现方法。

　　宽幅的全景图很适合来做小星球特效，如图7.99所示。严格说来，我们要拍摄360° 一圈的画面，才能制作出小星球特效。但若全景图拍摄中的一部分为相同的画面，如海面，我们可以稍微省去这一部分，没有人会发现；而且这样制作出来的小星球效果更好。在飞行时，适当降低无人机的高度和视角，让地面上的景物紧贴着水平线竖起，否则合成出来的星球会平淡无奇。

　　尽管我们可以直接拿来全景图，立刻制作小星球特效。但我建议在制作前，对全景图进

图7.99

行一下处理，以避免在合成小星球后出现难看且难以处理的缝隙。

如图7.100所示，使用矩形选择工具，在全景图的一边框选能够看出来水平线的一部分全景图。按Ctrl+J键（苹果Mac按Command+J键）复制该部分，并粘贴为新图层。

我们暂且称这一部分为"粘条"，以便于后面的讲解。将"粘条"图层从原来的一边移动到另一边，移动时按住Shift键可以保持平行移动。完成后放大查看边角是否对齐，如图7.101所示。

为了在合成后能够收尾贴合，我们现在需要水平翻转"粘条"图层。按Ctrl+T键（苹果Mac按Command+T键）进入"自由变换"模式，在图片上单击右键，在弹出菜单中选择"水平翻转"，如图7.102所示。

点击图层菜单的"添加图层蒙版"在粘条图层上创建蒙版，如图7.103所示。

图7.100

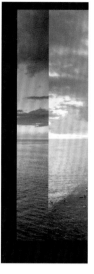

图7.101

图7.102

图7.103

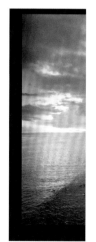

图7.104

图7.105

在工具栏选择"渐变工具"，在主菜单栏下的选项中将渐变改为黑白线性渐变，"模式"为"正常"，"透明度"为100。在粘条图层的蒙版上从右向左拖动"渐变工具"（也可尝试从左向右，直到得到满意结果），这时粘条图层应该可以无缝融合在主全景图之中了，如图7.104所示。下一步合并可见图层。

现在我们开始制作小星球特效。在菜单栏的"图像"选择"图像大小"，将全景图改为正方形。这里我们一定只能适当缩小像素，因为提高像素会让图片看起来有些像素化。我将这张图片的分辨率改为3000 x 3000像素。

图7.105，现在的全景图被压缩成方形，看起来有些别扭，但不要紧。在菜单栏的"图像"中选择"图像旋转"，点击"180度"，如图7.106所示。

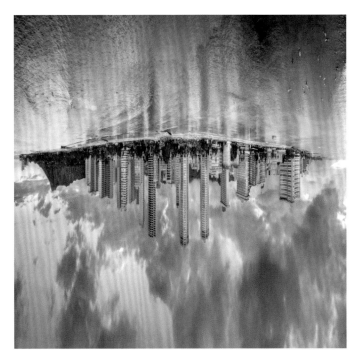

图7.106

在菜单栏的"滤镜"中选择"扭曲"再选择"极坐标"。勾选"平面坐标到极坐标"，如图7.107所示。

图7.108为生成的小星球特效，效果还可以。

最后，进行收尾工作。对于这张图，我进行了旋转和剪切。有些情况下，我们可以使用"仿制图章工具"及"内容识别填充"工具填补旋转后在角落留下的空白。

图7.109为最后完成的小星球特效图。

本章的信息量很大，介绍了很多后期技术。可以说，本章和前一章是我们航拍后期

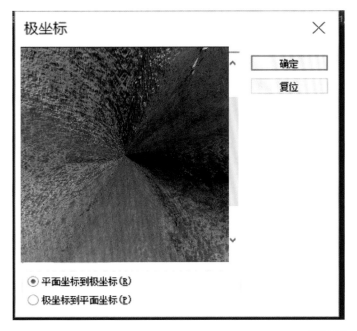

图7.107

处理的起点。尽管如此，本书并不是Photoshop或Lightroom的后期教程，关于后期软件的使用，有许多相关的教程和资料。这本书更像是一本航拍的基础手册，里面是我航拍实战的

图7.108

工作流程和技巧。

　　下一章，我们将简要了解一下航拍视频的编辑。

图7.109

拍摄地点：美国加利福尼亚中国海滩（China Beach）
拍摄器材：大疆"悟"1专业版。
拍摄说明：图片拍摄于邻近纽波特港口（Newpst
　　　　　Harbor）的中国海滩。

第八章

航拍视频的后期处理

  使用无人机拍摄视频影片是一项令人激动的工作。本章将介绍航拍视频后期剪辑的一些基础知识。篇幅有限，这里我不会把所有的视频剪辑技术都介绍一遍。在互联网以及书店里，有很多不错的专攻视频剪辑的教材，大家可以进一步了解。我更不能把所有软件的操作流程都介绍一遍。目前有太多编辑视频的软件，比如iMovie、GoPro Studio、Sony Vegas、Adobe Premiere Pro、Apple Final Cut Pro、Avid、Photoshop等。

  我习惯使用Adobe Premiere Pro软件对视频进行处理。当然，本章不会成为Premiere软件操作专门教程，而是普遍的视频编辑指南。我希望，本章介绍的技巧和思路适用于各类剪辑软件。

视频编辑软件介绍

目前，市面上的视频编辑软件琳琅满目，无论是预装在电脑中的小软件，还是应用于电视、电影剪辑制作的专业软件。其中有些软件是免费的，或者说是近乎免费的，比如GoPro Studio、iMovie、HitFilm Express 4、Windows Movie Maker、DaVinci Resolve Lite等。此外，我们还可以使用Adobe Photoshop CS6 Extended 和Photoshop CC两款图像软件来编辑视频。

有一些专业软件是需要购买的。比较常见的软件有Adobe Premiere Pro、Apple Final Cut Pro、Avid Media Composer和Sony Vegas等；还有一些软件专门用来制作后期效果和为视频调色，如After Effects、Speed Grade、DaVinci Resolve等；它们也可对视频进行编辑，但处理效率不如前面的综合编辑软件。

图8.1　Final Cut Pro 软件界面

图8.2　GoPro Studio软件界面

视频剪辑

每次我们完成拍摄，把视频导入电脑。面对这一个个视频文件，下一步便是找到自己需要的镜头片段。它们不是起幅、落幅时拍的那些过渡性镜头，而是实实在在的精彩画面。这些我们所需要的镜头是流畅的，而且可以保存下来作为素材重复利用。

面对电脑里的视频文件，我们可以首先初筛，然后再仔细挑选；也可以直接进行筛选。重要的是，我们要在拍摄的视频中深挖出最好的镜头，供后面剪辑使用。在过去使用GoPros航拍时，这项工作是十分耗时的。因为当时相机无法远程操控录制开关。在起飞时，开机录制，在落地时停止录制，整个航程拍摄出一个视频大文件，有时候时长能到10~20分钟，而我们可能只需其中要几秒钟的镜头。

不过现在，我们可以在无人机飞行过程中随时控制录像开关，这就大大减少了后期找寻镜头的工作量。第五章介绍了航拍视频的技巧，其中推荐大家在拍摄前后留出几秒富余镜头，即在拍摄一个镜头前，提前开机录制一小段起幅画面；在结束一个镜头拍摄，准备滑出时，先不要停机，继续拍摄一部分落幅画面。回到后期，在进行所有处理工作之前，我们要首先找到需要的镜头画面。在拍摄时，可以对航拍画面和内容做文字笔记，也可以在完成拍摄后趁着脑海中还有印象迅速做一些记录；还可以请助手在我们拍摄时帮助记录。这些都是不错的办法。关于拍摄记录，推荐一款视频编辑在线记录软件Adobe Prelude Live Logger。

使用非线编软件挖掘镜头

这一节将介绍如何在非线编软件中挖掘自己想要的镜头画面。（译者注：非线编即非线性编辑，相对于传统上以时间顺序进行线性编辑。借助计算机来进行数字化制作，几乎所有的工作都在计算机里完成。）我称之为"挖掘"，因为找寻好镜头这个过程就像是从大量普通矿石之中挖掘真金。我使用Premiere Pro软件完成这一"挖掘"工作。大家也可以使用Final Cut Pro等非线编软件进行同样的操作。

首先，导入要处理的视频片段，它们将在"项目"面板中出现，对于Final Cut Pro软件则是"资源库"中出现。双击视频的缩略图在"源监视器"中显示，如图8.3所示。这时，我们还未将视频拖入时间轴，只是在监视器中预览。

图8.3

预览视频文件的方法有很多，以下几种方式都可以：

■ 点击播放键▶或按空格键播放视频文件。

■ 使用键盘上的"J–K–L"键实现前进暂停后退。这是专业的剪辑师常用的视频预览方法。按L键向前播放视频，K键暂停播放，J键后退。在播放时，再按一下L键可实现快进，这时按J键会减速；同理，如果在后退时，再按一下J键会加快后退，按L键会减慢倒退的速度。许多视频剪辑人员在预览视频时，手指一直放在这三个键上掌控预览，随时准备倒回查看好的镜头。

■ 拖动时间轴上的播放头，可以迅速跳到视频的对应部分，见图8.4。

图8.4

图8.5

当我们找到想要的镜头，在监视器上的时间轴上将播放头放到开始的地方，并在键盘上按i键，即插入"标记入点"，这样我们就在视频片段上标记了起点，见图8.5。

然后继续播放，直到这个镜头结束，在键盘按O键，即插入"标记出点"，见图8.6。需要注意的是，这里我们没有对视频进行任何裁剪，只是标注出了镜头起止的标记。

最终，挑选出来的视频片段将会放入一条时间轴。在那里，我们将使用那些镜头片段构建自己的影片。也许在刚才这段视频文件中，我们还有希望截取的镜头片段。下面介绍如何保存刚才标记下来的镜头片段。

如图8.7所示，按照图中操作创建一个新的时间轴，即新建分项。

1. 从监视器拖动视频到"项目"界面下面的"新建分项"键。

2. 由此创建了一个新的序列，刚才标记出入点的视频片段，按照我们的标记出现在时间轴上。这个时间轴的设置，包括帧率、大小、解码器设置与拖过来的原视频相同。若想改变该序列的设置，可以在菜单栏的"序列"选择"序列设置"。

需要注意的是，对于一个视频项目，我们只需要创建一个序列。创建后，在该视频文件挑选出来的片段会自动放到该序列的时间轴之中（在这里，序列和时间轴是一致的）。

如果我们想先把一段视频中的所有满意的镜头挑出来，然后再放入时间轴，我们可以在挑选时随时制作"子剪辑"（Final Cut Pro X软件中的复合剪辑）。子剪辑是一个单独保存出来的文件，包含有从我们标的入点到出点之间的视频片段。一个子剪辑和普通视频一样，只不过所创建的这些子剪辑最终要被组合在一起。

如何创建子剪辑？在监视器画面单击右键，选择"制作子剪辑"，这时会弹出一个对话框，如图8.8所示。然后对子剪辑命名，这里对话框中的"限制边界"不要勾选。

我们会发现，刚才命名生成的子剪辑自动进入了项目面板。我建议在项目面板为这些挑选好的子剪辑创建一个单独的素材库，如图8.9所示，并将所有子剪辑收入该素材库。

图8.6

图8.7

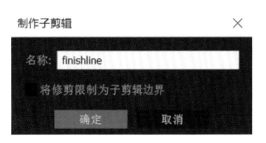

图8.8

图8.9

图8.10

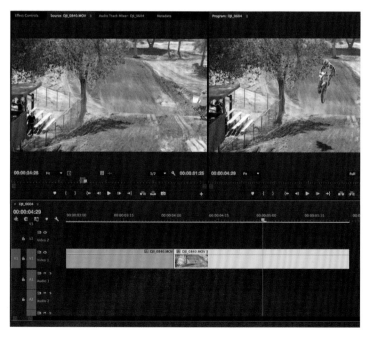

图8.11

继续播放视频，选取我们需要的镜头片段。图8.10截取的是我们将要使用的一个片段。

问题来了，我们已经标注好起止的入点和出点，这时如何再利用这一段视频剪辑出另一个镜头？使用播放头插入新的入点，如果这个点在之前出点的后面，如图8.10所示，那么上一次剪辑的出点就会清除，下面我们在新的入点后面找到出点，按下O键。这样这一段视频又剪辑出一个镜头。

我们可以把这个镜头片段制作成子剪辑，也可以将其直接加入时间轴。在加入时间轴前，确保时间轴上的播放头位置在前一个视频片段的尾部。检查没有问题后，按下键盘的"，"（逗号）键，将视频插入时间轴，见图8.11。

我们可以继续按照刚才的操作，将其他镜头片段插入时间轴，也可以先选完"子剪辑"然后统一在时间轴中添加。

在Photoshop中剪辑视频

大家也许不知道，Photoshop软件是可以剪辑视频的。CS6和CC版本的Photoshop都可以实现视频的剪辑，而且效果不错，只不过比Premiere Pro的处理速度稍慢一些。

打开Photoshop，在主菜单栏的"文件"点击"打开"，选择打开一个视频文件，见图8.12。如果在界面没有显示时间轴，在菜单栏的"窗口"选中打开"时间轴"。

将光标放于视频片段的开头，按住鼠标左键向右拖动。我们会发现在时间轴上方出现一个小的预览框，方便我们查看光标所在位置的画面。松开左键，则在此处完成开头入点的设置，如图8.13所示。

设置结束的出点则是自右向左拖动。同样也会出现预览框，松开左键完成出点的设置，见图8.14。

如图8.15所示，通过点击时间轴左边的电影胶片样子的按键，并选择"添加媒体"，我们可以在时间轴添加其他视频。

为何剪辑？

囿于过去的拍摄方式，人们不得不观看冗长的未经剪辑的视频。不过，借助现在的技术，视频可以进行剪辑，同时变得浓缩紧凑、引人入胜。我认为，在互联网，三分钟以上的视频就会让观众感到疲倦，通常90秒的视频刚刚好。那些短小精悍的视频是最受欢迎的，所以在剪辑时，不要贪心地往时间轴拖视频片段。在筛选时，不确定是否为好的片段，就不要剪辑到成片里，我们要让视频的每个画面都精彩有趣。

图8.12

图8.13

图8.14

图8.15

从视频中截取图片

在航拍时，我们可以从视频中截取画面作为图片使用。但照片最好还是由相机在拍照模式下拍摄。因为这样可以使用RAW格式记录更多的画面细节。另外，第五章介绍过，拍摄视频的快门速度要稍微放慢，以产生让动作流畅的运动模糊。这有时会让截取的照片产生动态模糊。不过，总会有这样的情况出现，无人机在摄像模式时录到精彩的画面，但这一瞬间再也无法重现，无法让我们使用照相模式捕捉下来。这时，就只能对视频进行截图了。

我的那幅《飞越鹈鹕》就是一个典型案例，如图8.16所示。这张图使用无人机在鸟类上方航拍的画面是同类摄影的先例，被Adobe公司和大疆等一些列无人机品牌作为广告使用。此外，该图还在SkyPixel在线航拍视频分享网举行的国际影展中展出。

我想与大家分享一下这张照片的拍摄经过。当时是我首次尝试在海边航拍。我使用的是大疆Phantom 1无人机搭载GoPro Hero 3相机（黑色版），在拍摄1080P分辨率的视频。在拍摄了一些冲浪者之后，准备操作无人机降落。就在那时，我看到一只鹈鹕朝我的方向飞来，而且飞行路线经过无人机。我当时十分激动，迅速调整了相机的角度，然后让机器悬空不动。鹈鹕并没有躲避我的无人机，而是从下方飞过。当时我没有第一人称视角的查看装置，所以看不到实时画面。但我心里明白，我拍到了这辈子都自豪的瞬间。随后查看软件得知，那只鹈鹕在画面中的身影持续了25帧，也就是仅仅1秒钟时间。

图8.16

在软件中，我选取了最满意的一帧画面，并将色温稍微调暖。因为鹈鹕的颜色和周围的环境相近，我还为截取的图片增加了暗角以凸显鹈鹕。除此之外，没有再做其他处理。

回到后期处理，我们一起了解如何从视频中截取图片。在测试了许多方法和软件后，我发现使用Premiere Pro软件和Lightroom软件可以实现不降损画质的截取。那张《飞越鹈鹕》就是使用Lightroom软件截取的。

使用Premiere Pro截取图像

图8.17

图8.18

使用Premiere Pro软件截取静态图片的操作十分简单。在剪辑视频过程中，我们可以随时截取自己认为精彩的画面。使用键盘向右向左键，可以向前向后逐帧查看每一帧画面。

找到想截取的那一帧后，点击监视器下方的"导出单帧"按钮，或按Ctrl+Shift+E，如图8.17红圈所示。

在导出单帧对话框中，将导出格式改为TIFF，这是一种无损的图像格式，可以最大程度地保留图像的细节信息，见图8.18。

选择"导出到项目"将截取的画面放入"项目"面板，便于随后查找。（译者注：在低版本的Premiere中，可以选择保存路径进行存储。）

使用Lightroom截取图像

Lightroom软件也是从视频中截取图像的利器。首先，在软件的图库导入视频文件。我们会看到视频界面的下方出现播放条，如图8.19所示。

1. 点击播放条上齿轮状的按钮，打开选项。
2. 拖动滑条，粗略浏览视频。
3. 点击播放条上的箭头，逐帧浏览视频，见图8.20~图8.23。

图8.19

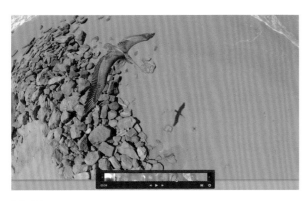

图8.20

图8.21

图8.22

图8.23

找到想截取的那一帧后，点击"盒子形状"的按钮，见图8.24，选择"捕获帧"，实现该帧图像的获取。

　　对于《飞越鹈鹕》这张照片，瞬间的抓取要比艺术的表现更重要。因此，我对这张照片做了很少的后期，几乎没有在调整面板那里做什么调整，尽量保证瞬间纪实的原味，见图8.25。

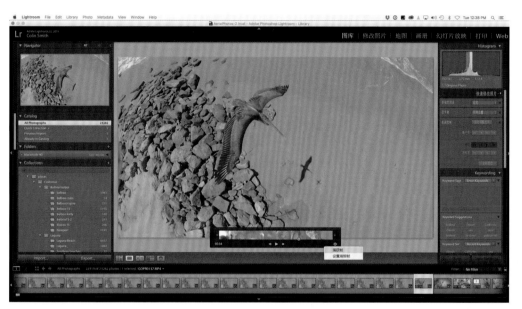

图8.24

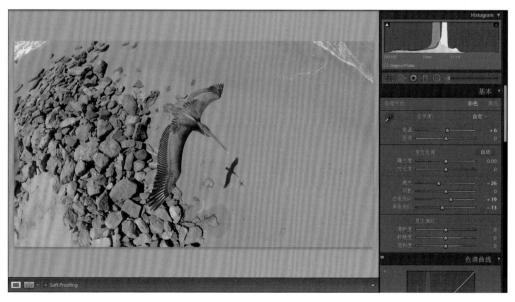

图8.25

后期调色

后期对视频调色不仅可以提升视频的视觉效果，也可以修正偏色问题，提高视频的质量和水准。专业的调色应用软件有很多，如DaVinci Resolve、After Effects、Speed Grade等。我们也可以在综合的视频编辑软件中进行后期调色。

Lumetri 调色面板

CC版的Premiere Pro新增 Lumetri调色面板功能，这样我们就可以像使用Lightroom那样对视频的颜色进行调整和修正。首先，我们先来了解Lumetri调色面板的一些基本校正操作。

图8.26所示的画面是我在天色较晚时拍摄的。因为云彩厚，所以看不到日落，而且画面有些暗淡，颜色偏蓝。选中时间轴中的视频，使用Lumetri调色面板对这个视频片段进行调整。在主菜单栏的"窗口"选择显示"Lumetri Color"。

在过去胶片时代，给视频调色是一项技术活。但现在，我们可以在"基本校正"界面拖动"色温"滑块，轻松调节色温颜色，见图8.27。

图8.26

在"基本校正"界面，我们可以对视频的色调进行调整。对于这段视频，我适当地增添了一些对比度。Premiere里的功能以及滑条类似于Lightroom中的，但修照片和修视频是有区别的。相比于修照片，在处理视频时，我一般会增加一点对比度，降低一点饱和度。不知大家是否注意过，电影或电视上经常出现由于高对比而形成的全黑，以提升画面效果。当然增加对比度并不是必须遵守的法则，所以我们可以灵活地对视频进行处理。图8.28所展示的就是6种调

图8.27

图8.28

节变量。

1、曝光——用来调节画面整体的亮度。

2．对比度——整体改变明暗色调。高对比意味着图片明暗反差更明显，低对比则意味着在阴影和高光会显示更多细节。

3．高光——向左拖动滑块可以恢复高光部分的细节。

4．阴影——向右拖动滑块可以恢复阴影部分的细节。

5．白色——向右拖动滑块可以增加高光部分的亮度。

6．黑色——向左拖动滑块可以增加阴影部分的深度。

查看直方图

　　我们在修照片时通常会查看直方图（译者注：直方图中，横轴代表的是图像中的亮度，由左向右，从全黑逐渐过渡到全白；纵轴代表的则是图像中处于这个亮度范围的像素的相对数量。在这样一张二维的坐标系上，我们便可以对一张图片的明暗程度有一个准确的了解）。通过查看直方图，我们可以得知高光和阴影部分有没有溢出。在视频编辑中，这种直方图被视为一种色彩范围图。在Premiere Pro中，我们可以在主菜单的"窗口"中找到"Lumetri范围"。打开后，可能面板是空白的。这时我们可以点击面板下方扳手形状的设置按键，选择不同的范围图。

如图8.29所示，我在设置选择显示"直方图"和"分量（RGB）"。我们会发现，这里的直方图类似Photoshop中的，只不过旋转了270°，阴影部分在底下，高光部分在上方。

在这几种范围图里面，分量（RGB）最为常用。我们可以在图中看到三种颜色的通道，也可以看到下面阴影部分的指示。如果那些色彩超过了底线，则意味着阴影部分的细节丢失了；同样，如果色彩超过了顶端，则意味着高光部分溢出。如图8.29所示。

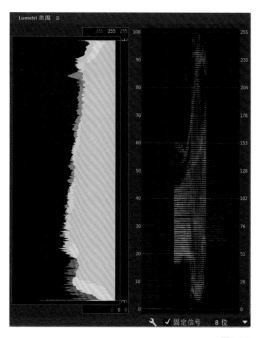

图8.29

为阴影和高光提色

为高光和阴影部分提色是我们经常做的后期处理，一般在阴影部位增加蓝色或青色，在高光增加黄色或橘红色。这种处理常被好莱坞电影使用，有一种"大片"的感觉。

当然，如果我们拍摄的是自然风光，那么最好参考国家地理的风格，保留视频的原有颜色，仅在基本校正面板对视频做简单的调整。如果要想通过后期营造出电影大片的感觉，那么下面介绍的工具会派上用场。点击界面右侧Lumetri调色面板中的"色轮"，我们会看到"中间调""阴影""高光"三个色轮，如图8.30所示。上下拖动每个色轮左侧的滑条可以调节该部分的色调。在色轮上使用十字光标选取颜色，则可以在视频中增加这个颜色。我们会发现光标在色轮上移动较慢，这时按Shift键可快速移动选取颜色。

图8.30

图8.31

对于这个案例，如图8.31所示，我在"阴影"和"高光"部分做了轻微调整；在阴影部分增加了一点绿色，让水面更加自然；在高光部分加了一点红色。

如图8.32所示，在下一个案例中，我将从原片开始处理，为大家展示效果震撼的好莱坞"大片"感是如何通过后期调色实现的。

图8.32

图8.33

1. 在阴影部分增加青色。

2. 在高光部分增加橘红色。

3. 降低阴影部分亮度。

4. 增加高光部分亮度。

最后的效果见图8.33。

使用调色叙事

在图8.34~8.36所展现的定场镜头中，镜头从港口缓慢向岸上的建筑移动。这个过程中，主体进入镜头，即一艘船正在靠岸，镜头随后跟着这艘船来到了港口。这时，可以将画面切入船上，如船上的人们之间的对话，开启整个影片的内容。在这一片段中，我对视频进行了调色。在这种色调的渲染下，观看者这时会思考，故事的主人公过去做了什么，将来会发生什么。我们可以感受到这种色彩对于放大整个叙事的促进作用。

图8.34

图8.35

图8.36

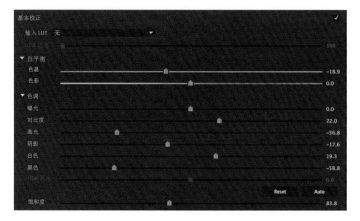

图8.37

图8.38

定场镜头的作用就是吸引观看者的注意力，从如临其境到引人入胜，让观看者进入下一段故事的叙事和抒情。下面，我们了解这种开场镜头的后期调色方法。这里还是使用Premiere Pro CC，你也可以使用其他工具，调节原理是一样的。

首先，在基本校正界面对视频进行调整，如图8.37所示。具体操作与之前对图8.26中的操作类似。只不过，这里我们不再修正蓝色暗淡的水面，而是加强这种效果。

下一步，我们将在"创意"面板继续处理视频。如图8.38所示，在"阴影色彩"和"高光色彩"两个色轮，我们可以为阴影和高光增加不同颜色，营造"大片"效果。此外，降低"饱和度"，提高"自然饱和度"，可以很好地减少画面中的杂色。我还增加了"淡化胶片"效果，它可以减少阴影部分的对比度。

在"曲线"界面，如图8.39所示，我们可以对画面不同部分的色调进行处理。曲线调整和Photoshop及Lightroom软件中的类似，提升中间调的曲线即可提高整个画面的亮度。曲线左边为阴影部分，右侧为高光部分。提高一部分的曲线意味着提高对应区域的亮度；反之，降低一部分的曲线，则降低该区域的亮度。

在"色轮"界面，如图8.40所示，我在阴影部分增加了一些蓝色，在中间色调增加了一些洋红色，这样画面不至于太过单调。

最后，在"晕影"面板，如图8.41所

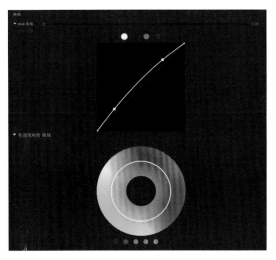

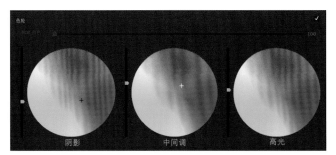

图8.40

图8.39

图8.41

示，对视频做暗角处理。暗角可以让边角变暗，将观众的视觉重心集中于画面中心。暗角的使用要看视频的具体情况，而且一定要适量。用对了，暗角会很大程度地提升视频的视觉效果。这个案例中我适当地加了点暗角，为视频增加戏剧感和神秘感。

LUTs 调色预设

LUTs调色预设实际是一种调色样式查阅表，通俗地讲，就是一系列现成的调色设置，我们可以拿来为视频带来不同的风格和样式。此外，LUTs调色预设可以跨软件使用，它适用于After Effects、Premiere Pro、DaVinci Resolve、Final Cut Pro、Photoshop等软件。

这一节，我们将了解如何使用Premiere Pro操作LUTs颜色预设，如何用Photoshop自己创建新的预设。

使用LUTs调色预设

上文介绍了Premiere Pro中的Lumetri面板。我有意略过LUTs的介绍，因为我想在这一节集中介绍它的使用。如图8.42所示，在"创意"面板，我们会发现一个标有"Look"的下拉菜单，点开后可以发现各种名称的样

图8.42

图8.43

图8.44

图8.45

式——LUTs调色预设。我将使用在夏威夷航拍的一段录像作为素材，为大家演示LUTs的使用。

如图8.43所示，我们可以在预览窗口，看到调色预设使用后的效果。点击预览图的边上的箭头可以切换不同的LUTs预设，并且看到实时的效果。

找到效果合适的LUTs预设，点击预览图则可应用，或者在下拉菜单的名单中找到该LUTs预设。我们可以通过"强度"滑条来调节预设的效果强度，如图8.44所示。

我们也可以在下面的各种滑条做精细调整。通常，先使用LUTs预设对视频进行调整，然后调节Lumetri面板的其他设置对视频进一步处理。图8.45为使用了一种LUTs颜色预设的效果。

播放视频，检查后面的画面在这个预设下的效果。大家可以查看图8.46右侧的滑块，了解我所做的调整。

在"基本校正"面板中，我们会发现有一个"输入LUTs"下拉菜单，默认为无。这里的LUTs为相机预设，与"创意"面板的不同。通常，我们要首先为整个视频输入相机LUTs预设，为下一步处理打好基础。两种"LUTs"各司其职，第一个相机LUTs预设视频自然清晰，第二个调色LUTs为视频带来创意效果。下面我们来了解相机LUTs的创建。

图8.46

自己制作LUTs预设

LUTs预设可以让我们一键实现复杂的系列调整。我将介绍如何在Photoshop中创建自己的预设，其中既有相机的，也有创意的。

创建相机LUTs预设

我们将根据不同的相机创建不同的LUTs预设。如果你有多架无人机，我建议为每一架无人机创建一个预设。这将为以后的视频处理省去不少时间，而且可以为下一步后期处理打下良好基础。总之，创建相机LUTs预设可以解决色差等问题，让视频视觉效果更加真实。

拍摄设定样片

首先使用无人机相机拍摄一张照片。不过，这里不是拍摄普通照片。我们要拍摄一些标准色彩。例如一些经验丰富的剪辑编辑师会使用X-Rite色彩测试标准板来校正颜色。我们也可以拍摄灰板，如18%中性灰板。你一定奇怪，我们不是做视频的后期，怎么又开始拍摄图片了。其实，LUTs预设可以使用图片进行设定，然后施用于视频。

图8.47为色彩测试标准板。

图8.48为使用大疆Phantom 4拍摄的色彩测试标准板。

如图8.48所示，使用无人机拍摄出来的效果一般。不过没关系，我们进一步修正，并将

图8.47

图8.48

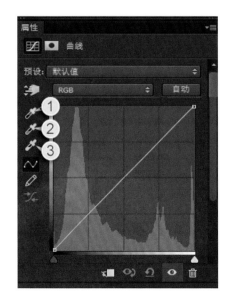

图8.49

修正的设定作为该相机的LUTs预设。需要说明一下，在拍摄标准板时，有些无人机可能无法实现这么近距离的对焦。这不要紧，只要在画面中拍摄到这些颜色即可，无须准确对焦。

另一个问题是反光。标准板的黑色部分有些反光，我尝试着改变角度，让有一部分置于阴影中。事实上，这种反光的黑色要比哑光的更能准确的校对黑色。

如果我们想让颜色校对更加精确，可以在飞行前，将调色板置于摄影的环境光下进行拍摄。并且是光线直射下拍摄一张，阴影中拍摄一张，这样我们就得到了两张样片。经验表明，直射光下的样片更具有使用的价值。

在软件中设置

在Photoshop CC版打开图片。需要注意的是，LUTs是新功能，目前只有在CC版以上的Photoshop才有。我们可以把标准板以外的部分裁剪掉。如果拍摄的是RAW格式，可以在Photoshop中打开，但不要做任何调整。

在主菜单的"图层"中选择"新建调整图层"，再选择"曲线"，点击确定生成曲线调整图层。在"属性"一栏，我们会发现界面在左侧有滴管形状的按键，如图8.49所示。

1. 在图像中取样以设置黑场，即图像中最暗的地方。

2. 在图像中取样以设置灰场，即设置白平衡。

3. 在图像中取样以设置白场，即图像中最亮的地方。

首先要做的是微调滴管的设置。为什么要微调？假设我使用白色滴管点击画面中最亮的

地方，那里将变为纯白，毫无细节；同样使
用黑色滴管点击最暗的部分，那里则变成纯
黑。这样会为图片增加对比度，但我们还是
需要保留一些动态范围；所以我们要对黑白
滴管即黑场和白场进行微调。

如果您还不是很明白，可以继续阅读，
通过实际操作理解微调的原因和效果。双击
白色滴管可弹出拾色器面板，如图8.50。将
B（明亮）的百分比从100%改为90%。这
可以为亮部带来10%的富余（在印刷时，可
以将B调成95%；我建议将视频调到90%，
不过大家还是可以尝试95%的效果）；然后
点击"确定"。

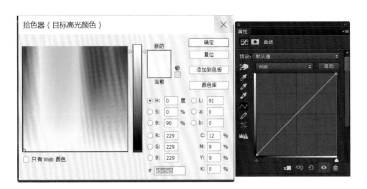

图8.50

如图8.51所示，同样对黑色滴管进行
操作，将B改为10。在点击确定时，会提示
"要将新目标颜色存储为默认值吗？"。点击
"是"，则意味着将此次对于滴管的修改将施
用于以后的后期调整中。

图8.51

创建LUTs色彩预设

随后，我们使用滴管对拍摄的标准图板进行色彩校正，再保存为LUTs颜色设置。我们
会发现，图8.48的标准板有一半在阳光下，有一半在阴影中，这样我们就可以创建两套LUTs
预设，以便根据拍摄的内容选择使用。如图8.52所示，在曲线面板中按以下数字进行操作：

1. 点击白色滴管，即"在图像中取样以设置白场"，点击标准图版中的白色部分，将这
里设定为纯白色。

2. 点击黑色滴管，即"在图像中取样以设置黑场"，点击标准图版中的黑色部分。

3. 点击灰色滴管，即"在图像中取样以设置灰场"，点击标准图版中左边的灰色部分，
实现色彩平衡的设置。若是点击标准图版右侧的色块，则选择点击18%的部分。

完成后，色彩得到了校正，如图8.53所示。

这时，我们可以看到曲线的变化，如图8.54所示。这便是软件根据色彩测试标准图版在
现场光下表现，做出的对于相机的颜色校正。下面我们需要把这种对于图片的颜色校正施用

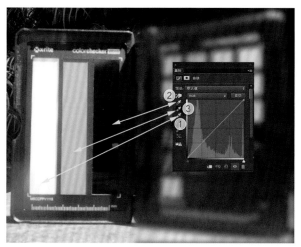
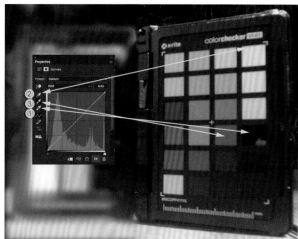

图8.52

图8.53

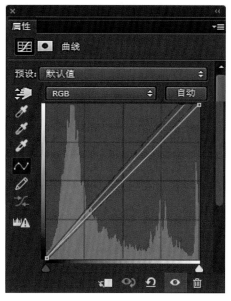

图8.54

于视频的校正。具体地讲，就是导出为LUTs颜色预设。

在主菜单点击"文件"，选择"导出"，再选择"颜色查找表"。在对话框选择保存格式，如图8.55所示。通常，3DL和CUBE格式都可以被视频软件打开。

随后对LUTs文件命名并设定保存路径，点击确定创建一个LUTs预设，见图8.56。我

导出颜色查找表

说明: DJI_0711-1.tiff　　　　　　　　确定

版权: Photoshopcafe.com　　　　　　取消

☐ 使用小写的文件扩展名

品质

网格点: 32 中

格式

☑ 3DL

☑ CUBE

☐ CSP

☐ ICC 配置文件

图8.55

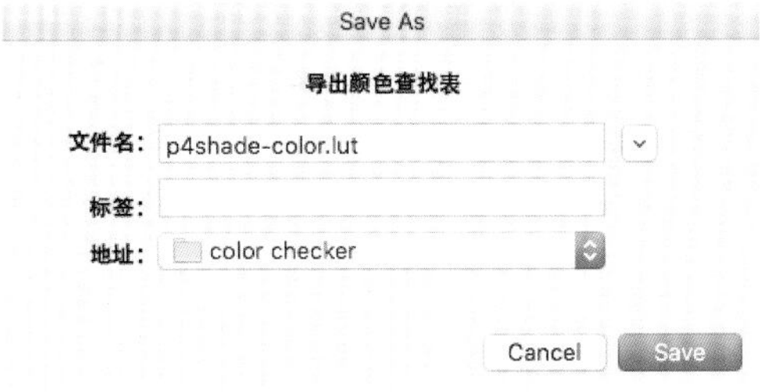

Save As

导出颜色查找表

文件名: p4shade-color.lut

标签:

地址: ☐ color checker

Cancel　　Save

图8.56

将刚才做的颜色查找表命名为 "p4shade-color.lut"（P4阴影色彩.lut），因为这是使用大疆 Phantom 4在拍摄的阴影中的标准板。另一个阳光中拍摄的，可以命名为 "p4 Sunny Color"（P4阳光色彩）。我们可以按照自己的兴趣命名，只要成一定规则，方便以后的查询即可。这样，我们可以为自己的每一架无人机创建特有的LUTs设定。同时，可以设定一些基础性的通用LUTs预设，比如日光下的、阴影下的。如果在人造光、黄昏、日出日落这样的场景下，我们也需要创建相应的LUTs。

使用LUTs色彩预设

前面我们完成了LUTs预设的创建，下面要在视频编辑中使用这个预设。我还是使用 Premiere Pro做演示，但需要指出的是，许多主流的专业的视频编辑软件都支持LUTs预设功能，也可以在那里进行视频编辑。如果不支持，我们可以使用第三方的插件。

图8.57截取自一段在沙漠拍摄的视频。视频的颜色看起来有些过暖，我们将使用LUTs预设来实现颜色的校正和中和。

打开Lumetri面板。这时，我们可以选择在基本校正中使用LUTs颜色预设，也可以选择在创意面板中使用。

顺序的区别在于，在基本校正中导入LUTs预设无法实现强度的调节，但可以继续在创意面板再使用另一个LUTs颜色预设，为视频增加效果。

图8.57

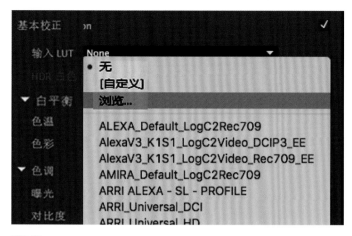

图8.58

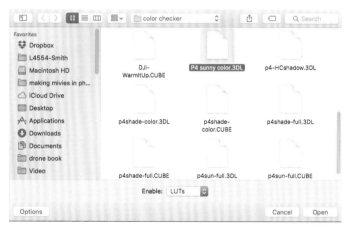

图8.59

图8.60

如果在创意面板导入先前创建的LUTs预设，则可以调节预设应用的强度，但无法再使用另一个LUTs预设。

前面我们制作的LUTs预设是一个相机预设，用于校正视频的色差，而不是增添创意效果。所以我们在基本校正中将其打开。

如图8.58所示，在"基本校正"界面，打开"输入LUT"下拉菜单，下面有许多内置的颜色预设。我们将使用自己创建的LUTs预设，所以选择"浏览"。如图8.59所示，找到先前创建的LUTs文件。因为在这个案例里，画面在阳光中，所以这里我们选择使用P4 Sunny Color.3DL（P4阳光色彩）的LUTs预设。

图8.60为加载P4阳光色彩LUTs预设后的效果。可以看到，利用一个LUTs预设，我们轻松地将过暖的颜色中和掉了。

对于有些镜头，这种色差的修正可能抹杀了画面的创意，但将白平衡调准，正是基本校正的意义所在。这样处理后的视频可以进一步通过其他调整实现独特的风格。既要对颜色进行校正，又要实现创意的风格，任何可重复利用的LUTs颜色设定都无法同时实现。

如图8.61所示，在使用了自己创制的LUTs预设对视频进行处理后，我又在阴影部分加了一蓝色，在高光部分加了一点黄色，让视频效果更好。

图8.61

风格特效插件的使用

通过使用插件，我们可以轻松快速地为视频增添效果。在红巨星调色插件套装（Red Giant's Magic Bullet Suite）中有许多常用的调色专用插件。（网站：http://www.redgiant.com/）

这些插件常被用于电视节目和电影的制作，有可能您最喜欢的节目就在使用这些插件。下面我们来了解插件及其使用。

Magic Bullet 魔法子弹调色滤镜

首先介绍一款目前最受欢迎的滤镜，"魔法子弹调色滤镜套装"（Magic Bullet Looks）。

图8.62是我使用GoPro 3在旧金山的金银岛（Treasure Island）上拍摄的。我们以此视频为例子。

在"效果"中找到"Magic Bullet Looks"键拖入视频进行应用。不过，如图8.63所示，"视频效果"一栏除了增添了"Magic Bullet Looks"一项外，似乎没有什么反应。我们只需要点开"查看"，选择"编辑"，便可打开插件界面。

如图8.64所示，在界面左边，我们会看到许多样式，这些都是一些预设。大多数情况，

图8.62

图8.63

我们只需从其中找到自己喜欢的效果。点击右下方槽中不同的项目，相应的工具则会在右侧的工具栏出现。这些工具会对预设带来更多的变化。

如图8.65所示，在界面下方，我们可以看到一个工具条，放有各种工具和效果的指示。点击其中一个工具，就会显示工具的各种调节参数。

在图8.66中，预设中已设定有多层的效果，点击完成调整。

如图8.67所示，我们在原视频上轻松地添加了特效。大家可以使用预设的插件特效，也可以自己对预设稍作调整，甚至可以自己制作效果插件。

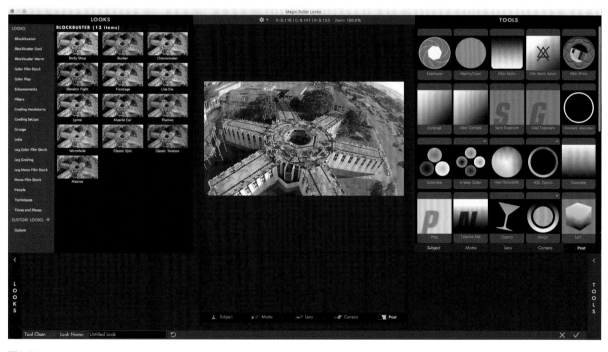

图8.64

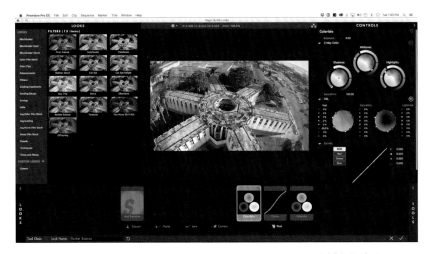

图8.65

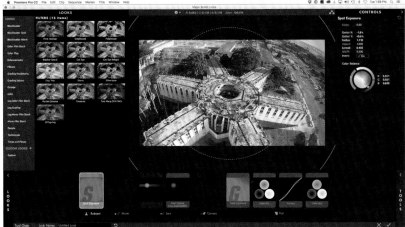

图8.66

图8.67

另一个用途广且效果好的插件是Magic Bullet Film。该插件内置有不同的胶片加工效果。（图8.68~8.70）

Magic Bullet 的Colorista III插件则专攻色彩，为视频提供高水平的色彩配置。Colorista III中的工具可以实现视频中的局部调整。例如，我们只想对视频中的天空做调整，插件可以实现对天空的跟踪，并将调整只应用于天空。（图8.71）

图8.68　原视频

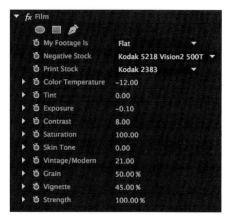

图8.69

图8.70　加工后视频

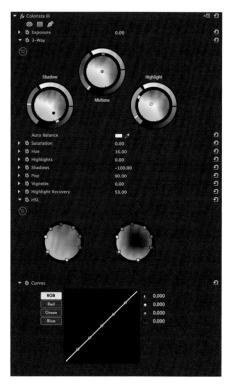

图8.71

图8.72　完成效果图

航拍视频的修正

　　使用无人机拍摄视频过程中，容易出现抖动、畸变及噪点等技术问题，从而降低影像质量。这一节，我们将了解如何修正这些问题。这里我不想涉及如何把视频拍得更好看和震撼，而是想通过对稳定画面、镜头校正和画面降噪的介绍，帮助大家将视频拍得正常和流畅。

降低抖动

　　有时，尽管我们做了最大努力，但画面还是会出现抖动。一些无人机上使用的三轴稳定云台的确可以有效防止抖动，但有时突然刮起的风和突然进行的飞行调整，都会产生画面的抖动。

　　能够实现"去抖动"效果的功能种类很多，在不同视频编辑软件中，有各式各样的去抖动应用。我认为，效果最好的是Adobe After Effects 和 Premiere Pro 中的"变形稳定器"。

　　首先，选定要去抖动的视频。如果只想对视频的一部分进行去抖动，就使用"剃刀工具"，挑出要稳定的片段。

在"效果"中的"扭曲"项选择"变形稳定器"（可以在搜索栏输入"稳定"迅速找到该工具），拖动"变形稳定器"至视频片段。随后，软件开始分析，若视频片段很长则可能会持续一段时间。我们会看到监视器上有一个蓝色的进度条，提示进度，如图8.73所示。

完成分析后，软件对视频进行去稳定处理，我们会在监视器上看到橘红色的线条，如图8.74所示。这时的处理速度要比分析的快。

去抖动后，我们可以播放视频查看效果。一般情况下，默认设置下的稳定效果就已经不

图8.73

图8.74

错。若感觉一般，还可以改变配置，再做进一步处理。

为了便于大家理解下一步的配置，我想首先简要介绍软件稳定画面的原理。变形稳定器去抖动应用首先会对视频片段中的主要动作进行逐帧的分析，这也是为什么前面的分析时间会这么长。分析结束后，软件则知道哪些动作是片段中的正常动作，哪些是抖动。随后，软件将正常的动作"锁住"。打个比方，我们晃动一个易拉罐，罐中有一颗石子。易拉罐就像是整个画框，里面的石子就像画框中的运动。石子自己随着易拉罐不断晃动。当然，我们拍摄的运动不至于像在易拉罐中的石子那么颠簸。如果把石子换为黏黏的口香糖，那么它在易拉罐晃动时肯定就会粘在内壁。这便是变形稳定器的工作原理：找到画面中的动作，让其紧紧地"粘在"画框中。

画面中运动被稳定在画面里，那些抖动去哪里了？如果我们缩小视频显示，就会发现视频画面被稍微放大了。这是因为软件为了让画面中的稳定，而不断地变换调整画框去抵消抖动。所以，视频的边缘出了画框；不过放大的程度很小，我们很难察觉。

总之，变形稳定器对视频进行了以下处理：

- 分析并确定抖动部分
- 将画面中的正常动作设为轴心点，如同使用大头针固定在画框中一样。
- 围绕轴心点轻微移动、旋转画面。
- 通过放大，弥补因为移动和旋转而产生的空白边缘。

如图8.75所示，在视频效果稳定化菜单中的"方式"一项，我们可以选择"子空间变形"。这种方法可以使画面的稳定调整更为有效。其缺点是可能产生果冻效应（出现一些奇怪的波纹）。对此，我们也可以选择"位置，缩放，旋转"方式。

图8.75

放大画面的缺点是损失一部分分辨率。有时，画面可能会因此而发虚。因为选用了"稳定，裁剪，自动缩放"的帧处理模式，所以画面边缘会被裁剪；因此，我们也可以换一种帧处理方式，如"稳定，合成边缘"模式，如图8.76所示。这种帧处理方式的原

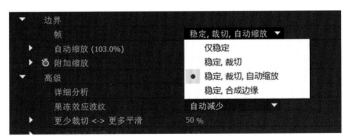

图8.76

理类似于内容识别填充，将裁剪空出的边缘通过内容识别补充上去。

　　我们会看到"高级"界面下的"减少裁切<–>更多平滑"。如果裁切得更多，则可以给软件更多的余地，让视频更加稳定流畅；但会减少画面，降低视频的分辨率。如果要去保证视频分辨率，就不能过多裁剪，于是给软件可处理的余地就变小了，可能稳定效果一般。所以，这里还是寻求一个平衡。这些选项并不需要经常调节，除非视频看起来画质下降明显，或者视频的稳定效果很不理想。

去除镜头畸变

　　航拍使用的镜头多是广角镜头，所以有时会产生畸变。在大疆的Inspire系列以及Phantom 3和4上，镜头的畸变得到了适当的控制，所以我们可能无需做太多后期调整，除非出现了较严重的变形。但在像大疆Phantom 2、Vision Plus 和 GoPros这样的无人机相机就需要后期去除镜头的畸变了。（图8.77）

　　使用Premiere Pro可以轻松去除镜头的畸变，代价是可能会把一些边缘画面裁剪掉。

　　在效果中的"预设"找到"去除镜头扭曲"。我们会在其中看到一些常用的配置文件，如大疆的，GoPros的。我们还可以添加更多的配置文件。选中适合自己无人机型号的文件，若找不到对应的型号，可以选择相似的，如图8.78所示。

　　在图8.79中，我们可以看到使用"去除镜头扭曲"后的效果。

　　在效果控件菜单中，如图8.80所示，我们可以对镜头校正效果进行微调，如调节曲率。当我们找不到很适合自己相机镜头的配置文件时，这种微调很实用。

图8.77

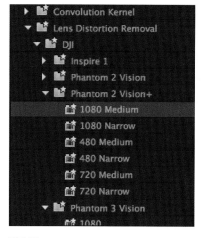

图8.78

图8.79

图8.80

消除螺旋桨影子

有时，航拍视频画面的边角会出现一些移动的黑色线条。很多人奇怪这些线条是从哪里来的。其实，它们是螺旋桨形成的影子。当无人机的镜头和太阳的夹角呈30°~45°时，螺旋桨的影子就容易进入镜头，被视频记录下来。这种情况多发生于中午，太阳位置较高时。为了避免这种情况，我们可以：

- 在太阳位置不高时拍摄。
- 使用遮光罩。
- 拍摄时避免镜头与太阳的夹角处于30°~45°。

但有时，螺旋桨的影子实在无法避免。我们只能在后期尝试减少影子的痕迹。在长期的拍摄过程中，我发现了一个很好的插件可以处理这个问题，Digital Anarchy的Flicker Free。该插件适用于Premiere Pro、After Effects、FCP、Resolve和Avid等视频编辑软件。下面介绍Flicker Free的使用方法。

图8.81截取自一段航拍视频。影子部分在图8.82中用红圈标出。

在编辑模式下，找到带有影子的片段，使用"剃刀"工具将其从整个视频"隔离出来"。然后从"效果"中找到Flicker Free，

图8.81

图8.82

图8.83

图8.84

图8.85

拖入刚才隔离出来的片段。在"效果控件"面板，如图8.83所示，则出现了Flicker Free的设置。

在Flicker Free设置中，将"预设"改为"Rolling Bands 4"。然后播放查看效果。大多数情况下，我们只需要做如上操作。图8.84为处理后的效果，左边还剩一点螺旋桨的影子，不过几乎看不出来。

如果在使用Flicker Free处理后仍然能看到明显的影子，可以在时间轴内的片段点击右键，选择"嵌套"，如图8.85所示。这样我们可以对嵌套序列再使用一次Flicker Free，不过设置上可以减少使用量。

降噪

胶片的颗粒感可以为视频增添浪漫色彩，但噪点和胶片的颗粒感不一样。那些画面上令人心烦的噪点是需要去除的，无论是带颜色的还是呈颗粒的。（图8.86）

噪点一般出现在阴影部分，如果我们把感光度调至100，那么拍摄出来的画面噪点不严重。随着感光度的提高，噪点会越来越多。所以说，在航拍时尽量将感光度控制在100左右。我们需要将预览放大至100%，方便查看噪点情况。在After Effects、Photoshop和 Resolve软件都有自己的降噪工具，但Premiere Pro和Final Cut Pro并没有。

在Photoshop中，我们可以将视频以"智能对象"打开，然后在Camera Raw中进行降噪。使用Camera Raw降噪的具体操作参见第六章。使用Camera Raw为图片降噪和为视频降噪的操作完全一样。

如果我们选择在Premiere Pro或After Effects对视频进行降噪，可以使用降噪插件，目前应用最广的插件是Red Giant's Denoiser 2。

将监视器的放大率调至100%，这样我们可以清晰地看到噪点。

如图8.87所示，将Red Giant's Denoiser 2拖入视频片段，点击效果控件菜单中的"样本"。

调节Noise Reduction amount（降噪数量）直到噪点消失。

如果降噪损失过多视频的细节，我们还可以试着调试下面的"Fine Tuning"（精细调节）。（图8.87）

图8.88显示的为降噪后的效果。

图8.86

图8.87

图8.88

视频编码

视频编码是所有后期处理的最后一步。编码的设置取决于视频的使用方式。如果视频将作为素材以后和其他视频一起继续加工，那么我们就需要保存无损格式。最常见的无损格式是Apple ProRes和QuickTime Animation codes。这些格式保留了视频的原始数据，所以文件大小会很大。无损格式主要用于视频的继续加工，而不适用于播放。一般这样的视频需要耗费过多内存和资源才能实现相对流畅的播放。

另一种输出的格式是播放格式。对于这类格式的视频，我们可能选择上传到视频网站，也可能将视频刻录到DVD光盘中，也可能保存到手机中。总之，播放格式追求的是好的播放效果和适合播放器的尽可能小的文件尺寸。最常见的播放输出格式标准是H.264，这是一种MP4的一种。现在H.265也有应用，而且可能在一段时间后取代H.264。

给视频编码就像洗印图像，是视频处理的最后一步。下面我们了解如何使用Premiere Pro来对视频进行编码。

使用Premiere Pro为视频编码

当我们打开Premiere Pro对视频进行编码，我们使用的其实是一款名为Adobe Media Encoder的视频和音频编码应用程序。这个程序可以实现多个视频、音频同时编码。我们首先了解编码默认设置，其实这个默认设置已经可以应付大多数的视频。

图8.89

在主菜单的"文件"中选择"导出"，点击"媒体"，或者按Ctrl+M（苹果Mac按Cmd+M）

这时Adobe Media Encoder打开，请参见图8.89中的数字了解编码的具体步骤：

1. 确认时间轴选定的是整个入点出点之间的视频，不是某个片段。

2. 选择导出视频的格式。

3. 为视频命名，设置好导出路径。

4. 开始编码。

在格式设置里有很多选项，我选

择了H.264作为输出格式。若勾选"与序列配置匹配",则输出格式与素材视频的格式、尺寸以及帧率相同。

点击"预设",我们可以看到许多适用选项,如图8.90所示。其中有Apple TV、Facebook、苹果手机、Android手机、Vimeo、YouTube等。选择我们计划上传播放的平台,这样导出的格式可以得到很好的兼容。

如果我们导出的视频还要和其他视频一起再进行加工。图8.91介绍了相关的导出设置。

1. 将"格式"选为"QuickTime"

2. 点开"视频解码器"(如果没有显示则点击上方的"视频"),在下拉菜单选择"动画"。(见图8.92)

3. 点击"导出",视频开始编码并导出。

如果在导出过程中,我们还想继续在Premiere Pro加工视频,或者是想继续导出另一个视频,可以选择"导出"旁的"列队"。

点击"列队"后,Adobe Media Encoder将自动打开,并开始批处理。点击右上角的绿色箭头开始编码。

使用Photoshop为视频编码

在Photoshop主菜单的"文件"点击"导出",选择"渲染视频"。

Photoshop同样使用的是Adobe Media Encoder应用,只不过功能少了一些。

如图8.93所示,我选择的格式为H.264,这也是默认格式,然后选择"预设"。预设的下拉菜单没有Premiere Pro丰富,但选择也不少。

如果需要导出无损格式,则将格式设为"QuickTime",将预设设为"动画高品质",如图8.94所示。

点击"渲染"开始视频编码。

图8.90

图8.91

图8.92

图8.93

图8.94

结语

感谢您阅读本书，不知本书对您的航拍是否有所帮助。我希望书中内容能够为您的航拍答疑解惑，为您的摄影提供合适的工作流程。然而，我最希望的是，这本书能够为您提供灵感，启发您操控着无人机在天际翱翔，记录美好的影像。

更多信息请参考PhotoshopCAFE.com网站。

无人机使用须知

2017 年 6 月 1 日起，已经或准备购买无人机的用户需注意：如果无人机起飞重量在 250 克（含）以上，就必须根据民航局发布的《民用无人机驾驶航空器实名制登记管理规定》进行实名登记注册。无人机实名登记系统网址为：http://uas.caac/gov.cn

声　明

　　出版方在完全尊重相关公司知识产权的前提下，对商标、名称及软件的使用仅出于图书编辑的目的。本书不对相关器材和软件的使用进行推广和担保。本书所涉及型号名称、产品商标以及软件的版权均由相关公司所持有。

　　本书对无人机的安全使用已做介绍。图书使用者应对自己的行为和因此产生的所有后果或损失负责。出版者和作者不承担相关责任。